# ATLAS OF WILDLIFE IN SOUTHWEST CHINA

# 中国西南野生动物图谱

鸟类卷（下） BIRD（Ⅱ）

朱建国 总主编 马晓锋 主 编

北京出版集团
北京出版社

图书在版编目（CIP）数据

中国西南野生动物图谱．鸟类卷．下／朱建国总主编；马晓锋主编．— 北京：北京出版社，2021.3
ISBN 978-7-200-14784-1

Ⅰ．①中… Ⅱ．①朱… ②马… Ⅲ．①鸟类—西南地区—图谱 Ⅳ．① Q958.527-64

中国版本图书馆 CIP 数据核字（2019）第 066217 号

中国西南野生动物图谱 鸟类卷（下）
ZHONGGUO XINAN YESHENG DONGWU TUPU NIAO LEI JUAN

朱建国 总主编
马晓锋 主 编

\*

北京出版集团 出版
北京出版社
（北京北三环中路 6 号）
邮政编码：100120

网 址：www.bph.com.cn
北京出版集团总发行
新华书店经销
北京华联印刷有限公司印刷

\*

210 毫米 × 285 毫米 29.5 印张 500 千字
2021 年 3 月第 1 版 2021 年 3 月第 1 次印刷

ISBN 978-7-200-14784-1
定价：498.00 元
如有印装质量问题，由本社负责调换
质量监督电话：010-58572393

# 中国西南野生动物图谱

主　　任　季维智（中国科学院院士）

副 主 任　李清霞（北京出版集团有限责任公司）

　　　　　朱建国（中国科学院昆明动物研究所）

编　　委　马晓锋（中国科学院昆明动物研究所）

　　　　　饶定齐（中国科学院昆明动物研究所）

　　　　　买国庆（中国科学院动物研究所）

　　　　　张明霞（中国科学院西双版纳热带植物园）

　　　　　刘　可（北京出版集团有限责任公司）

总 主 编　朱建国

副总主编　马晓锋　饶定齐　买国庆

## 中国西南野生动物图谱　鸟类卷（下）

主　　编　马晓锋

副 主 编　张明霞　朱建国

编　　委　（按姓名拼音顺序排列）

　　　　　陈可欣　怀彪云　辉　洪　陆建树

　　　　　马晓辉　韦　铭　吴　飞　张雪莲

摄　　影（按姓名拼音顺序排列）

薄顺奇　怀彪云　辉　洪　李　斌

马晓锋　马晓辉　韦　铭　吴　飞

肖　文　杨金伟　张明霞　朱建国

# 主编简介

**朱建国,**副研究员、硕士生导师。主要从事保护生物学、生态学和生物多样性信息学研究。将动物及相关调查数据与遥感卫星数据等相结合,开展濒危物种保护与对策研究。围绕中国生物多样性保护热点区域、天然林保护工程、退耕还林工程和自然保护区等方面,开展变化驱动力、保护成效、优先保护或优先恢复区域的对策分析等研究。在 Conservation Biology、Biological Conservation 等杂志上发表论文40余篇,是《中国云南野生动物》《中国云南野生鸟类》等6部专著的副主编或编委,《正在消失的美丽 中国濒危动植物寻踪》(动物卷)主编。建立中国动物多样性网上共享主题数据库20多个。主编中国数字科技馆中的"数字动物馆""湿地——地球之肾馆"以及中国科普博览中的"动物馆"等。

**马晓锋,**高级工程师。长期从事动物多样性科普研究与教育工作,有30多年的野生动物影像拍摄和科普创作经验;专长于中国陆生脊椎动物分类及其生物学和生态学习性等研究。主编《中国兽类踪迹指南》《谜一样的动物——蛇》《黑色精灵——怒江金丝猴》;参编《中国云南野生动物》《中国云南野生鸟类》《中国灵长类生物地理与自然保护——过去、现在与未来》《有毒生物》《繁盛的家族——昆虫》《正在消失的美丽 中国濒危动植物寻踪》(动物卷)等学术和科普著作。参编中国数字科技馆中的"数字动物馆""湿地——地球之肾馆"以及中国科普博览中的"动物馆"。主创"云南湿地·珍禽""蛇年话蛇""人类的近亲——灵长类""鹤舞高原""云南野鸟"等大型科普主题展。

中国大西南地区泛指西藏、四川、云南、重庆、贵州和广西 6 省（直辖市、自治区），面积约 260 万 $km^2$，约占我国陆地面积的 27.1%；人口约 2.5 亿，约为我国人口总数的 18%。在这仅占全球陆地面积不到 1.7% 的区域内，分布有北热带、南亚热带、中亚热带、北亚热带、高原温带、高原亚寒带等气候类型。从世界最高峰到北部湾海岸线，其间分布有全世界最丰富的山地、高原、峡谷、丘陵、盆地、平原、喀斯特、洞穴等各种复杂的自然地形和地貌，以及大小不等的江河、湖泊、湿地等自然水域类型。区域内分布有青藏高原和云贵高原，包括喜马拉雅山脉、藏北高原、藏南谷地、横断山脉、四川盆地、两广丘陵、云南南部谷地和山地丘陵等特殊地貌；有怒江、澜沧江、长江、珠江四大水系以及沿海诸河、地下河水系，还有成百上千的湖泊、水库及湿地。此区域横跨东洋界和古北界两大生物地理分布区，有我国 39 个世界地质公园中的 7 个，34 个世界生物圈保护区中的 11 个，13 个世界自然遗产地中的 8 个，57 个国际重要湿地中的 11 个，474 个国家级自然保护区中的 102 个位于此区域。如此复杂多样和独特的气候、地形地貌和水域湿地等，造就了西南地区拥有从热带到亚寒带的多种生态系统类型和丰富的栖息地类型，产生了全球最为丰富和独特的生物多样性。此区域拥有的陆生脊椎动物物种数占我国物种总数的 73%，更有众多特有种仅分布于此。这里还是我国文化多样性最丰富的地区，在我国 56 个民族中，有 36 个为此区域的世居民族，不同民族的传统文化和习俗对自然、环境和物种资源的利用都有不同的理念、态度和方式，对自然保护有着深远的影响。这里也是我国社会和经济发展较为落后的区域，在 1994 年国家认定的全国 22 个省 592 个国家级贫困县中，有 274 个（占 46%）在此区域。同时，这里还是发展最为迅速的区域，在 2013—2018 年这 6 年间，我国大陆 31 个省（直辖市、自治区）的 GDP 增速排名前三的省（直辖市、自治区）基本都出自西南地区。这里一方面拥有丰富、多样而独特的资源本底，另一方面正经历着历史上最快的变化，加上气候变化、外来物种影响等，这一区域的生命支持系统正在遭受前所未有的压力和破坏，同时也受到了国内外的高度关注，在全球 36 个生物多样性保护热点地区中，我国被列入其中的有 3 个地区——印缅地区、中国西南山地和喜马拉雅，它们在我国的范围全部位于此区域。

由于独特而显著的区域地质和地理学特征，我国西南地区拥有丰富的动物物种和大量的特有属种，备受全球生物学家、地学家以及社会公众的关注。但因地形地貌复杂、山高林密、交通闭塞、野生动物调查难度大，对此区域野生动物种类、种群、分布和生态等认识依然有差距。近一个世纪以来，特别是在新中国成立后，我国科研工作者为查清动物本底资源，长年累月跋山涉水、栉风沐雨、风餐露宿、不惜血汗，有的甚至献出了宝贵的生命。通过长期系统的调查和研究工作，收集整理了大量的第一手资料，以科学严谨的态度，逐步揭示了我国西南地区动物的基本面貌和演化形成过程。随着科学的不断发展和技术的持续进步，生命科学领域对新理论、新方法、新技术和新手段的探索也从未停止过，人类正从不同层次和不同角度全方位地揭示生命的奥秘，一些传统的基础学科如分类学、生态学的研究方法和手段也在不断进步和发展中。如分子系统学的迅速发展和广泛应用，极大地推动了系统分类学的研究，不断揭示和澄清了生物类群之间的亲缘关系和演化过程。利用红外相机阵列、自动音频记录仪、卫星跟踪器等采集更多的地面和空间数据，通过高通量条形码技术对动物、环境等混合DNA样本进行分子生态学分析，应用遥感和地理信息系统空间分析、物种分布模型、专家模型、种群遗传分析、景观分析等技术，解析物种或种群景观特征、栖息地变化、人类活动变化、气候变化等因素对物种特别是珍稀濒危物种的分布格局、生境需求与生态阈值、生存与繁衍、种群动态、行为适应模式和遗传多样性的影响，对物种及其生境进行长期有效的监测、管理和保护。

生命科学以其特有的丰富多彩而成为大众及媒体关注的热点之一，强烈地吸引着社会公众。动物学家和自然摄影师忍受常人难以想象的艰辛，带着对自然的敬畏，拍摄记录了野生动物及其栖息地现状的珍贵影像资料，用影像语言展示生态魅力、生态故事和生态文明建设成果，成为人们了解、认识多姿多彩的野生动物及其栖息地，了解美丽中国丰富多彩的生物多样性的重要途径。本书集中反映了我国几代动物学家对我国西南地区动物物种多样性研究的成果，在分类系统和物种分类方面采纳或采用了国内外的最新研究成果，以图文并茂的方式，系统描绘和展示了我国西南地区约 2000 种野生动物在自然状态下的真实色彩、生存环境和行为状态，其中很多画面是常人很难亲眼看到的，有许多物种，尤其是本书发表的 10 余个新种是第一次以彩色照片的形式向世人展露其神秘的真容；由于环境的改变和人为破坏，少数照片因物种趋于濒危或灭绝而愈显珍贵，可能已成为某些物种的"遗照"或孤版。本书兼具科研参考价值和科普价值，对于传播科学知识、提高公众对动物多样性的理解和保护意识，唤起全社会公众对野生动物保护的关注，吸引更多的人投身于野生动物科研和保护都具有重要而特殊的意义。在此，我谨对本丛书的作者和编辑们的努力表示敬意，对他们取得的成果表示祝贺，并希望他们能不断创新，获得更大的成绩。

中国科学院院士

2019 年 9 月于昆明

# 前　言

中国大西南地区泛指西藏、四川、云南、重庆、贵州和广西6省（直辖市、自治区），其中广西通常被归于华南地区，本书之所以将其纳入西南地区，一是因为广西与云南、贵州紧密相连，其西北部也是云贵高原的一部分；二是从地形来看，广西地处云贵高原与华南沿海的过渡区，是云南南部热带地区与海南热带地区的过渡带；三是从动物组成来看，广西西部、北部与云南和贵州的物种关系紧密，动物通过珠江水系与贵州、云南进行迁徙和交流，物种区系与传统的西南可视为一个整体。由此6省（直辖市、自治区）组成的西南区域面积约260万 km²，约占我国陆地面积的27.1%；人口约2.5亿，约为我国人口总数的18%。此区域北与新疆、青海、甘肃和陕西互连，东与湖北、湖南和广东相邻，西部与印度、尼泊尔、不丹交界，南部与缅甸、老挝和越南接壤。

## 一、复杂多姿的地形地貌

在这片仅占我国陆地面积约27.1%，占全球陆地面积不到1.7%的区域内，有从北热带到高原亚寒带等多种气候类型；从世界最高峰到北部湾的海岸线，其间分布有青藏高原和云贵高原，包括喜马拉雅山脉、藏北高原、藏南谷地、横断山脉、四川盆地、两广丘陵、云南南部谷地和山地丘陵等特殊地貌；境内有怒江、澜沧江、长江、珠江四大水系，沿海诸河以及地下河水系，还有数以千计的湖泊、湿地等自然水域类型。

### 1. 气势恢宏的山脉

我国西南地区从西部的青藏高原到东南部的沿海海滨，地形呈梯级式分布，从最高的珠穆朗玛峰一直到海平面，相对高差达8844 m。西藏拥有全世界 14 座最高峰（海拔 8000 m 以上）中的 7 座，从北向南主要有昆仑山脉、喀喇昆仑山—唐古拉山脉、冈底斯—念青唐古拉山脉和喜马拉雅山脉。昆仑山脉位于青藏高原北部，全长达 2500 km，宽约 150 km，主体海拔 5500~6000 m，有"亚洲脊柱"之称，是我国永久积雪与现代冰川最集中的地区之一，有大小冰川近千条。喀喇昆仑山脉耸立于青藏高原西北侧，主体海拔 6000 m；唐古拉山脉横卧青藏高原中部，主体部分海拔 6000 m，相对高差多在 500 m，是长江的发源地。冈底斯—念青唐古拉山脉横亘在西藏中部，全长约 1600 km，宽约 80 km，主体海拔 5800~6000 m，超过 6000 m 的山峰有 25 座，雪盖面积大，遍布山谷冰川和冰斗冰川。喜马拉雅山脉蜿蜒在青藏高原南缘的中国与印度、尼泊尔交界线附近，被称为"世界屋脊"，由许多平行的山脉组成，其主要部分长 2400 km，宽 200~300 km，主体海拔在 6000 m 以上。

横断山脉位于青藏高原之东的四川、云南、西藏三省（自治区）交界，由一系列南北走向的山岭和山谷组成，北部山岭海拔 5000 m 左右，南部降至 4000 m 左右，谷地自北向南则明显加深，山岭与河谷的高差达 1000~4000 m。在此区域耸立着主体海拔 2000~3000 m 的苍山、无量山、哀牢山，以及轿子山等。

滇东南的大围山等山脉，海拔高度已降至 2000 m 左右，与缅甸、老挝、越南交界地区大多都在海拔 1000 m 以下。云南东北部的乌蒙山最高峰海拔 4040 m，至贵州境内海拔降至 2900 m，为贵州省最高点；贵州北部有大娄山，南部有苗岭，东北有武陵山，由湖南蜿蜒进入贵州和重庆；重庆地处四川盆地东部，其北部、东部及南部分别有大巴山、巫山、武陵山、大娄山等环绕。广西地处云贵高原东南边缘，位于两广丘陵西部，南临北部湾海面，中部和南部多丘陵平地，呈盆地状，有"广西盆地"之称；广西的山脉分为盆地边缘山脉和盆地内部山脉两类，以海拔800 m以上的中山为主，海拔400~800 m的低山次之。

**2. 奔腾咆哮的江河**

许多江河源于青藏高原或云南高原。雅鲁藏布江、伊洛瓦底江和怒江为印度洋水系。澜沧江、长江、元江和珠江，加上四川西北部的黄河支流白河、黑河为太平洋水系，分别注入东海、南海或渤海。在西藏还有许多注入本地湖泊的内流河水系；广西南部还有独自注入北部湾的独流水系。

雅鲁藏布江发源于西藏南部喜马拉雅山脉北麓的杰马央宗冰川，由西向东横贯西藏南部，是世界上海拔最高的大河，流经印度、孟加拉国，与恒河相汇后注入孟加拉湾。伊洛瓦底江的东源头在西藏察隅附近，流入云南后称独龙江，向西流入缅甸，与发源于缅甸北部山区的西源头迈立开江汇合后始称伊洛瓦底江；位于云南西部的大盈江、龙川江也是其支流，最后在缅甸注入印度洋的缅甸海。怒江发源于西藏唐古拉山脉吉热格帕峰南麓，流经西藏东部和云南西北部，进入缅甸后称萨尔温江，最后注入印度洋缅甸海。澜沧江发源于我国青海省南部的唐古拉山脉北麓，流经西藏东部、云南，到缅甸后称为湄公河，继续流经老挝、泰国、柬埔寨和越南后注入太平洋南海。长江发源于青藏高原，其干流流经本区的西藏、四川、云南、重庆，最后注入东海，其数百条支流辐辏我国南北，包括本区的贵州和广西。四川西北部的白河、黑河由南向北注入黄河水系。元江发源于云南大理白族自治州巍山彝族回族自治县，并有支流流经广西，进入越南后称红河，最后流入北部湾。南盘江是珠江上游，发源于云南，流经本区的贵州、广西后，由广东流入南海。广西南部地区的独流入海水系指独自注入北部湾的河流。

西南地区的大部分河流山区性特征明显，江河的落差都很大，上游河谷开阔、水流平缓、水量小；中游河谷束放相间、水流湍急；下游河谷深切狭窄、水量大、水力资源丰富。如金沙江的三峡以及怒江有"一滩接一滩，一滩高十丈"和"水无不怒石，山有欲飞峰"之说。有的江河形成壮观的瀑布，如云南的大叠水瀑布、三潭瀑布群、多依河瀑布群，广西的德天瀑布等。我国西南地区被纵横交错、大大小小的江河水系分隔成众多的、差异显著的条块，有利于野生动物生存和繁衍生息。

### 3. 高原珍珠——湖泊与湿地

西藏有上千个星罗棋布的湖泊，其中湖面面积大于 $1000 \, km^2$ 的有 3 个，$1\sim1000 \, km^2$ 的有 609 个；云南有 30 多个大大小小的与江河相通的湖泊，西藏和云南的湖泊大多为海拔较高的高原湖泊。贵州有 31 个湖泊，广西主要的湖泊有南湖、榕湖、东湖、灵水、八仙湖、经萝湖、大龙潭、苏关塘和连镜湖等。众多的湖泊和湖周的沼泽深浅不一，有丰富的水生植物和浮游生物，为水禽和湖泊鱼类提供了优良的食物条件和生存环境，这是这一地区物种繁多的重要原因。

**14**

## 二、纷繁的动物地理区系

在地球的演变过程中，我国西南地区曾发生过大陆分裂和合并、漂移和碰撞，引发地壳隆升、高原抬升、河流和湖泊形成，以及大气环流改变等各种地质和气候事件。由于印度板块与欧亚板块的碰撞和相对位移，青藏高原、云贵高原抬升，形成了众多巨大的山系和峡谷，并产生了东西坡、山脉高差等自然分隔，既有纬度、经度变化，又有垂直高度变化，引起了气候变化，并导致了植被类型的改变。受植被分化影响，原本可能是连续分布的动物居群在水平方向上（经度、纬度）或垂直方向上（海拔）被分隔开，出现地理隔离和生态隔离现象，动物种群间彼此不能进行"基因"交流，在此情况下，动物面临生存的选择，要么适应新变化，在形态、生理和遗传等方面都发生改变，衍生出新的物种或类群；要么因不能适应新环境而灭绝。

中国在世界动物地理区划中共分为2界、3亚界、7区、19亚区，西南地区涵盖了其中的2界、2亚界、4区、7亚区（表1）。

### 1. 青藏区

青藏区包括西藏、四川西北部高原，分为羌塘高原亚区和青海藏南亚区。

羌塘高原亚区：位于西藏西北部，又称藏北高原或羌塘高原，总体海拔4500~5000 m，每年有半年冰雪封冻期，长冬无夏，植物生长期短，植被多为高山草甸、草原、灌丛和寒漠带，有许多大小不等的湖泊。动物区系贫乏，少数适应高寒条件的种类为优势种。兽类中食肉类的代表是香鼬，数量较多的有野牦牛、藏野驴、藏原羚、藏羚、岩羊、西藏盘羊等有蹄类，啮齿

表1　中国西南动物地理区划

| 界 / 亚界 | 区 | 亚区 | 动物群 |
|---|---|---|---|
| 古北界 /<br>中亚亚界 | 青藏区 | 羌塘高原亚区 | 羌塘高地寒漠动物群 |
| | | | 昆仑高山寒漠动物群 |
| | | | 高原湖盆山地草原、草甸动物群 |
| | | 青海藏南亚区 | 藏南高原谷地灌丛草甸、草原动物群 |
| | | | 青藏高原东部高地森林草原动物群 |
| 东洋界 /<br>中印亚界 | 西南区 | 喜马拉雅亚区 | 西部热带山地森林动物群 |
| | | | 察隅—贡山热带山地森林动物群 |
| | | 西南山地亚区 | 东北部亚热带山地森林动物群 |
| | | | 横断山脉热带—亚热带山地森林动物群 |
| | | | 云南高原林灌、农田动物群 |
| | 华中区 | 西部山地高原亚区 | 四川盆地亚热带林灌、农田动物群 |
| | | | 贵州高原亚热带常绿阔叶林灌、农田动物群 |
| | | | 黔桂低山丘陵亚热带林灌、农田动物群 |
| | 华南区 | 闽广沿海亚区 | 沿海低丘地热带农田、林灌动物群 |
| | | | 滇桂丘陵山地热带常绿阔叶林灌、农田动物群 |
| | | 滇南山地亚区 | 滇西南热带—亚热带山地森林动物群 |
| | | | 滇南热带森林动物群 |

类则以高原鼠兔、灰尾兔、喜马拉雅旱獭和其他小型鼠类为主。鸟类代表是地山雀、棕背雪雀、白腰雪雀、藏雪鸡、西藏毛腿沙鸡、漠䳭、红嘴山鸦、黄嘴山鸦、胡兀鹫、岩鸽、雪鸽、黑颈鹤、棕头鸥、斑头雁、赤麻鸭、秋沙鸭和普通燕鸥等。这里几乎没有两栖类，爬行类也只有红尾沙蜥、西藏沙蜥等少数几种。

青海藏南亚区：系西藏昌都地区，喜马拉雅山脉中段、东段的高山带以及北麓的雅鲁藏布江谷地，主体海拔 6000 m，有大面积的冻原和永久冰雪带，气候干寒，垂直变化明显，除在东南部有高山针叶林外，主要是高山草甸和灌丛。兽类以啮齿类和有蹄类为主，如鼠兔、中华鼢鼠、白唇鹿、马鹿、麝、狍等，猕猴在此达到其分布的最高海拔（3700~4200 m）。高山森林和草原中鸟类混杂，有不少喜马拉雅—横断山区鸟类或只见于本亚区局部地区的鸟类，如血雉、白马鸡、环颈雉、红腹角雉、绿尾虹雉、红喉雉鹑、黑头金翅雀、雪鸽、藏雀、朱鹛、藏鹛、黑头噪鸦、灰腹噪鹛、棕草鹛、红腹旋木雀等。爬行类中有青海沙蜥、西藏沙蜥、拉萨岩蜥、喜山岩蜥、拉达克滑蜥、高原蝮、西藏喜山蝮和温泉蛇等，但通常数量稀少。两栖类以高原物种为特色，倭蛙属、齿突蟾属物种为此区域的优势种，常见的还有山溪鲵和几种蟾蜍、异角蟾、湍蛙等。

## 2. 西南区

西南区包括四川西部山区、云贵高原以及西藏东南缘，以高原山地为主体，从北向南逐渐形成高山深谷和山岭纵横、山河并列的横断山系，主体海拔 1000~4000 m，最高的贡嘎山山峰高达 7556 m；在云南西部，谷底至山峰的高差可达 3000 m 以上。分为喜马拉雅亚区和西南山地亚区。

喜马拉雅亚区：其中的喜马拉雅山南坡及波密—察隅针叶林带以下的山区自然垂直变化剧烈，植被也随海拔高度变化而呈现梯度变化，有高山灌丛、草甸、寒漠冰雪带（海拔 4200 m 以上），山地寒温带暗针叶林带（海拔 3800~4200 m），山地暖温带针阔叶混交林带（海拔 2300~3800 m），山地亚热带常绿阔叶林带（海拔 1100~2300 m），低山热带雨林带（海拔 1100 m 以下）；自阔叶林带以下属于热带气候。

藏东南高山区的动物偏重于古北界成分，种类贫乏；低山带以东洋界种类占优势，分布狭窄的土著种较丰富。由于雅鲁藏布江伸入到喜马拉雅山主脉北翼，在大拐弯区形成的水汽通道成为东洋界动物成分向北伸延的豁口，亚热带阔叶林、山地常绿阔叶带以东洋界成分较多，东洋界与古北界成分沿山地暗针叶林上缘相互交错。兽类的代表物种有不丹羚牛、小熊猫、麝、塔尔羊、灰尾兔、灰鼠兔；鸟类的代表有红胸角雉、灰腹角雉、棕尾虹雉、褐喉旋木雀、火尾太阳鸟、绿背山雀、杂色噪鹛、红眉朱雀、红头灰雀等；爬行类有南亚岩蜥、喜山小头蛇、喜山钝头蛇；两栖类以角蟾科和树蛙科物种占优，特有种如喜山蟾蜍、齿突蟾属部分物种和舌突蛙属物种。

西南山地亚区：主要指横断山脉。总体海拔 2000~3000 m，分属于亚热带湿润气候和热带—亚热带高原型湿润季风气候。植被类型主要有高山草甸、亚高山灌丛草甸，以铁杉、槭和桦为标志的针阔叶混交林—云杉林—冷杉林，亚热带山地常绿阔叶林。横断山区不仅是很多物种的分化演替中心，而且也是北方物种向南扩展、南方物种向北延伸的通道，这种相互渗透的南北区系成分，造就了复杂的动物区系和物种组成。

兽类南方型和北方型交错分布明显，北方种类分布偏高海拔带，南方种类分布偏低海拔带。分布在高山和亚高山的代表性物种有滇金丝猴、黑麝、羚牛、小熊猫、大熊猫、灰颈鼠兔等；猕猴、短尾猴、藏酋猴、西黑冠长臂猿、穿山甲、狼、豺、赤狐、貉、黑熊、大灵猫、小灵猫、果子狸、野猪、赤麂、水鹿、北树鼩。有多种菊头蝠和蹄蝠等广泛分布在本亚区；本亚区还是许多食虫类动物的分布中心。

　　繁殖鸟和留鸟以喜马拉雅—横断山区的成分比重较大，且很多为特有种；冬候鸟则以北方类型为主。分布于亚高山的有藏雪鸡、黄喉雉鹑、血雉、红胸角雉、红腹角雉、白尾梢虹雉、绿尾虹雉、藏马鸡、白马鸡以及白尾鹛、燕隼等。黑颈长尾雉、白腹锦鸡、环颈雉栖息于常绿阔叶林、针阔叶混交林及落叶林或林缘山坡草灌丛中。绿孔雀主要分布在滇中、滇西的常绿阔叶林、落叶松林、针阔叶混交林和稀树草坡环境中。灰鹤、黑颈鹤、黑鹳、白琵鹭、大天鹅，以及鸳鸯、秋沙鸭等多种雁鸭类冬天到本亚区越冬，喜在湖泊周边湿地、沼泽以及农田周边觅食。

　　两栖和爬行动物几乎全属横断山型，只有少数南方类型在低山带分布，土著种多。爬行类代表有在山溪中生活的平胸龟、云南闭壳龟、黄喉拟水龟；在树上、地上生活的丽棘蜥、裸耳龙蜥、云南龙蜥、白唇树蜥；在草丛中生活的昆明龙蜥、山滑蜥；在雪线附近生活的雪山蝮、高原蝮；在土壤中穴居生活的云南两头蛇、白环链蛇、紫灰蛇、颈棱蛇；营半水栖生活的八线腹链蛇，生活在稀树灌丛或农田附近的红脖颈槽蛇、银环蛇、金花蛇、中华珊瑚蛇、眼镜蛇、白头蝰、美姑脊蛇、白唇竹叶青、方花蛇等。我国特有的无尾目4个属均集中分布在横断山区，山溪鲵、贡山齿突蟾、刺胸齿突蟾、胫腺蛙、腹斑倭蛙等生活在海拔3000 m以上的地下泉水出口处或附近的水草丛中；大蹼铃蟾、哀牢髭蟾、筠连臭蛙、花棘蛙、棘肛蛙、棕点湍蛙、金江湍蛙等常生活在常绿阔叶林下的小山溪或溪旁潮湿的石块下，或苔藓、地衣覆盖较好的环境中或树洞中。

### 3. 华中区

西南地区只涉及华中区的西部山地高原亚区，主要包括秦岭、淮阳山地、四川盆地、云贵高原东部和南岭山地。地势西高东低，山区海拔一般为500~1500 m，最高可超过3000 m。从北向南分别属于温带—亚热带、湿润—半湿润季风气候和亚热带湿润季风气候。植被以次生阔叶林、针阔叶混交林和灌丛为主。

西部山地高原亚区：北部秦巴山的低山带以华北区动物为主，高山针叶林带以上则以古北界动物为主，南部贵州高原倾向于华南区动物，四川盆地由于天然森林为农耕及次生林灌取代，动物贫乏。典型的林栖动物保留在大巴山、金佛山、梵净山、雷山等山区森林中，如猕猴、藏酋猴、川金丝猴、黔金丝猴、黑叶猴、林麝等；营地栖生活的赤腹松鼠、长吻松鼠、花松鼠为许多地区的优势种；岩栖的岩松鼠是林区常见种；毛冠鹿生活于较偏僻的山区；小麂、赤麂、野猪、帚尾豪猪、北树鼩、三叶蹄蝠、斑林狸、中国鼩猬、华南兔较适应次生林灌环境；平原农耕地区常见的是鼠类，如褐家鼠、小家鼠、黑线姬鼠、高山姬鼠、黄胸鼠、针毛鼠或大足鼠、中华竹鼠。本亚区代表性鸟类有灰卷尾、灰背伯劳、噪鹛、大嘴乌鸦、灰头鸦雀、红腹锦鸡、灰胸竹鸡、白领凤鹛、白颊噪鹛等；贵州草海是重要的水禽、涉禽和其他鸟类，如黑颈鹤等的栖息地或越冬地。爬行动物主要有铜蜓蜥、北草蜥、虎斑颈槽蛇、乌华游蛇、黑眉晨蛇、乌梢蛇、王锦蛇、玉斑蛇、紫灰蛇等。本亚区两栖动物以蛙科物种为主，角蟾科次之，是有尾类大鲵属、小鲵属、肥鲵属和拟小鲵属的主要分布区。

**4. 华南区**

本书涉及的华南区大约为北纬 25°以南的云南、广西及其沿海地区。以山地、丘陵为主，还分布有平原和山间盆地。除河谷和沿海平原外，海拔多为 500~1000 m。是我国的高温多雨区，主要植被是季雨林、山地雨林、竹林，以及次生林、灌丛和草地。可分为闽广沿海亚区和滇南山地亚区。

闽广沿海亚区：在本书范围内系指广西南部，属亚热带湿润季风气候。地形主要是丘陵以及沿河、沿海的冲积平原。本亚区每年冬季有大量来自北方的冬候鸟，是我国冬候鸟种类最多的地区；其他代表性鸟类有褐胸山鹧鸪、棕背伯劳、褐翅鸦鹃、小鸦鹃、叉尾太阳鸟、灰喉山椒鸟等。爬行类与两栖类区系组成整体上是华南区与华中区的共有成分，以热带成分为标志，如爬行类有截趾虎、原尾蜥虎、斑飞蜥、变色树蜥、长鬣蜥、长尾南蜥、鳄蜥、古氏草蜥、黑头剑蛇、金花蛇、泰国圆斑蝰等，两栖类有尖舌浮蛙、花狭口蛙、红吸盘棱皮树蛙、小口拟角蟾、瑶山树蛙、广西拟髭蟾、金秀纤树蛙、广西瘰螈等。

滇南山地亚区：包括云南西部和南部，是横断山脉的南延部分，高山峡谷已和缓，有不少宽谷盆地出现，属于亚热带—热带高原型湿润季风气候。植被类型主要为常绿阔叶季雨林，有些低谷为稀树草原，本亚区与中南半岛毗连，栖息条件优越。

本亚区南部东洋型动物成分丰富，兽类和繁殖鸟中有一些属喜马拉雅—横断山区成分，但冬候鸟则以北方成分为主。一些典型的热带物种，如兽类中的蜂猴、东黑冠长臂猿、亚洲象、鼷鹿，鸟类中的鹦鹉、蛙口夜鹰、犀鸟、阔嘴鸟等，其分布范围大都以本亚区为北限。热带森林中，优越的栖息条件导致动物优势种类现象不明显，在一定的区域环境内，往往栖息着许多习性相似的种类。食物丰富则有利于一些狭食性和专食性动物，如热带森林中嗜食白蚁的穿山甲，专食竹类和山姜子根茎的竹鼠，以果类特别是榕树果实为食的绿鸠、犀鸟、拟啄木鸟、鹎、啄花鸟和太阳鸟等，以及以蜂类为食的蜂虎。我国其他地方普遍存在的动物活动的季节性变化在本亚区并不明显。

兽类有许多适应于热带森林的物种，如林栖的中国毛猬、东黑冠长臂猿、北白颊长臂猿、倭蜂猴、马来熊、大斑灵猫、亚洲象；在雨林中生活，也会到次生林和稀树草坡休息的印度野牛、水鹿；热带丘陵草灌丛中的小鼷鹿；洞栖的蝙蝠类；热带竹林中的竹鼠等。鸟类的热带物种代表之一是大型鸟类，如栖息在大型乔木上的犀鸟，喜在林缘、次生林及水域附近活动的红原鸡、灰孔雀雉、绿孔雀、水雉；中小型代表鸟类有绿皇鸠、山皇鸠、灰林鸽、黄胸织雀、长尾阔嘴鸟、蓝八色鸫、绿胸八色鸫、厚嘴啄花鸟、黄腰太阳鸟等。喜湿的热带爬行动物非常丰富，陆栖型的如凹甲陆龟、锯缘摄龟；在林下山溪或小河中的山瑞鳖，在大型江河中的鼋；喜欢在村舍房屋缝隙或树洞中生活的壁虎科物种；草灌中的长尾南蜥、多线南蜥；树栖的斑飞蜥、过树蛇；穴居的圆鼻巨蜥、伊江巨蜥、蟒蛇；松软土壤里的闪鳞蛇、大盲蛇；喜欢靠近水源的金环蛇、银环蛇、眼镜蛇、丽纹腹链蛇。本区两栖动物繁多，树蛙科和姬蛙科属种尤为丰富。较典型的代表有生活在雨林下山溪附近的版纳鱼螈、滇南臭蛙、版纳大头蛙、勐养湍蛙。树蛙科物种常见于雨林中的树上、林下灌丛、芭蕉林中，有喜欢在静水水域的姬蛙科物种以及虎纹蛙、版纳水蛙、黑斜线水蛙、黑带水蛙，还有体形特别小的圆蟾浮蛙、尖舌浮蛙等。

### 三、特点突出的野生动物资源

西南地区由于地理位置特殊、海拔高差巨大、地形地貌复杂，从而形成了从热带直到寒带的多种气候类型，以及相应的复杂而丰富多彩的生境类型，不但让各类动物找到了相适应的环境条件，也孕育了多姿多彩的动物物种多样性和种群结构的特殊性。

#### 1. 物种多样性丰富

我国西南地区的垂直变化从海平面到海拔 8844 m，巨大的海拔高差导致了巨大的气候、植被和栖息地类型变化，从常绿阔叶林到冰川冻原，不同海拔高度的生境类型多呈镶嵌式分布，形成了可孕育丰富多彩的野生动物多样性的环境。世界动物地理区划的东洋界和古北界的分界线正好穿过我国西南地区，两界的动物成分在水平方向和海拔垂直高度两个维度上相互交错和渗透。西南地区成为我国乃至全世界在目、科、属、种及亚种各分类阶元分化和数量都最为丰富的区域。从表 2 可看到，虽然西南地区只占我国陆地面积的 27.1%，但所分布的已知脊椎动物物种数却占了全国物种总数的73.4%。

在哺乳动物方面，根据蒋志刚等《中国哺乳动物多样性（第 2 版）》（ 2017 ）和《中国哺乳动物多样性及地理分布》（ 2015 ）以及其他文献统计，中国已记录哺乳动物 13 目 56 科 251 属 698 种；其中有 12 目 43 科 176 属 452 种分布在西南 6 省（直辖市、自治区），依次分别占全国的 92%、77%、70% 和 65%。在鸟类方面，根据郑光美等《中国鸟类分类与分布名录（ 第 3 版 ）》（ 2017 ）以及其他文献统计，中国已记录鸟类 26 目 109 科 504 属 1474种；其中有 25 目 104 科 450 属 1182 种分布在西南地区，依次分别占

表 2    中国西南脊椎动物物种数统计

|  | 哺乳类 | 鸟类 | 爬行类 | 两栖类 | 合计 | 占比 (%) |
|---|---|---|---|---|---|---|
| 云南 | 313 | 952 | 215 | 175 | 1655 | 52.0 |
| 四川 | 235 | 690 | 103 | 102 | 1130 | 35.5 |
| 广西 | 151 | 633 | 176 | 112 | 1072 | 33.7 |
| 西藏 | 183 | 619 | 79 | 63 | 944 | 29.6 |
| 贵州 | 153 | 488 | 102 | 86 | 829 | 26.0 |
| 重庆 | 109 | 376 | 41 | 47 | 573 | 18.0 |
| 西南 | 452 | 1182 | 350 | 354 | 2338 | 73.4 |
| 全国 | 698 | 1474 | 505 | 507 | 3184 | 100 |

全国的 96%、95%、89% 和 80%。在爬行类方面，根据蔡波等《中国爬行
纲动物分类厘定》（2015）和其他文献统计，中国爬行动物已有 3 目 30 科
138 属 505 种，其中 2 目 24 科 108 属 350 种分布在西南地区，依次分别
占全国的 67%、80%、78% 和 69%。在两栖类方面，截止到 2019 年 7 月，
中国两栖类网站共记录中国两栖动物 3 目 13 科 61 属 507 种，其中有 3 目
13 科 51 属 354 种分布在西南地区，依次分别占全国的 100%、100%、
84% 和 70%。我国 34 个省（直辖市、自治区）中，分布于云南、四川和
广西的脊椎动物种类是最多的。

**24**

## 2. 特有类群多

由于西南地区自然环境复杂，地形差异大，气候和植被类型多样，地理隔离明显，孕育并发展了丰富的动物资源，其中许多是西南地区特有的。在已记录的 3184 种中国脊椎动物中，在中国境内仅分布于西南地区 6 省（直辖市、自治区）的有 932 种（29.3%）。在已记录的 786 种中国特有种（特有比例 24.7%）中，488 种（62.1%）在西南地区有分布，其中 301 种（38.3%）仅分布在西南地区。两栖类的中国特有种比例高达 49.5%，并且其中的 47.7% 仅分布在西南地区（表 3）。

表 3　中国脊椎动物（未含鱼类）特有种及其在西南地区的分布

| 中国物种数 | 在中国仅分布于西南地区的物种数及百分比（%） | 中国特有种数及百分比（%） | 中国特有种 | |
|---|---|---|---|---|
| | | | 在西南地区有分布的物种数及百分比（%） | 仅分布于西南地区的物种数及百分比（%） |
| 哺乳类 698 | 201（28.8） | 154（22.1） | 104（67.5） | 53（34.4） |
| 鸟类 1474 | 316（21.4） | 104（7.1） | 55（52.9） | 10（9.6） |
| 爬行类 505 | 164（32.5） | 174（34.5） | 99（56.9） | 69（39.7） |
| 两栖类 507 | 251（49.5） | 354（69.8） | 230（65.0） | 169（47.7） |
| 合计 3184 | 932（29.3） | 786（24.7） | 488（62.1） | 301（38.3） |

在哺乳类中，长鼻目、攀鼩目、鳞甲目，以及鞘尾蝠科、假吸血蝠科、蹄蝠科、熊科、大熊猫科、小熊猫科、灵猫科、獴科、猫科、猪科、鼷鹿科、刺山鼠科、豪猪科在我国分布的物种全部或主要分布于西南地区；我国灵长目 29 个物种中的 27 个、犬科 8 个物种中的 7 个都主要分布于西南地区。全球仅在我国西南地区分布的受威胁物种有：黔金丝猴（CR）、贡山麂（CR）、滇金丝猴（EN）、四川毛尾睡鼠（EN）、峨眉鼩鼹（VU）、宽齿鼹（VU）、四川羚牛（VU）、黑鼠兔（VU）。

在鸟类中，蛙口夜鹰科、凤头雨燕科、咬鹃科、犀鸟科、鹦鹉科、八色鸫科、阔嘴鸟科、黄鹂科、翠鸟科、卷尾科、王鹟科、玉鹟科、燕鸡科、钩嘴鸡科、雀鹛科、扇尾莺科、鹎科、河乌科、太平鸟科、叶鹎科、啄花鸟科、花蜜鸟科、织雀科在我国分布的物种全部或主要分布于西南地区。全球仅在我国西南地区分布的受威胁物种有：四川山鹧鸪（EN）、弄岗穗鹛（EN）、暗色鸦雀（VU）、金额雀鹛（VU）、白点噪鹛（VU）、灰胸薮鹛（VU）、滇䳭（VU）。

在爬行类中，裸趾虎属、龙蜥属、攀蜥属、树蜥属、拟树蜥属、喜山腹链蛇属和温泉蛇属在我国分布的物种全部或主要分布在西南地区。全球仅在我国西南地区分布的受威胁物种有：百色闭壳龟（CR）、云南闭壳龟（CR）、四川温泉蛇（CR）、温泉蛇（CR）、香格里拉温泉蛇（CR）、横纹玉斑蛇（EN）、荔波睑虎（EN）、瓦屋山腹链蛇（EN）、墨脱树蜥（VU）、云南两头蛇（VU）。

在两栖类中，拟小鲵属、山溪鲵属、齿蟾属、拟角蟾属、舌突蛙属、小跳蛙属、费树蛙属、小树蛙属、灌树蛙属和棱鼻树蛙属在我国分布的物种全部或主要分布在西南地区。全球仅在我国西南地区分布的极危物种（CR）有：金佛拟小鲵、普雄拟小鲵、呈贡蝾螈、凉北齿蟾、花齿突蟾；濒危物种（EN）有：猫儿山小鲵、宽阔水拟小鲵、水城拟小鲵、织金瘰螈、普雄齿蟾、金顶齿突蟾、木里齿突蟾、峨眉髭蟾、广西拟髭蟾、原髭蟾、高山掌突蟾、抱龙异角蟾、墨脱异角蟾、花棘蛙、双团棘胸蛙、棘肛蛙、峰斑林蛙、老山树蛙、巫溪树蛙、洪佛树蛙、瑶山树蛙；此外还有 43 个易危物种（VU）。

### 3. 受威胁和受关注物种多

虽然西南地区的动物物种多样性非常丰富，但每个物种的丰富度相差极大，大多数物种的生存环境较为脆弱，种群数量偏少、密度较低。加上近年来人类活动的干扰强度不断加大，栖息地遭到不同程度的破坏而丧失或质量下降，导致部分物种濒危甚至面临灭绝的危险。从表 4 统计的中国西南脊椎动物红色名录评估结果来看，我国陆生脊椎动物的受威胁物种（极危＋濒危＋易危）占全部物种的 19.8%，受关注物种（极危＋濒危＋易危＋近危＋数据缺乏）占全部物种的 45.9%，研究不足或缺乏了解物种（数据缺乏＋未评估）占全部物种的 19.5%；西南地区与全国的情况相近，无明显差别。从不同类群来看，两栖类的受威胁物种比例最高（35.6%），其次是哺乳类（27.7%）和爬行类（24.3%）。

表4  中国西南脊椎动物（未含鱼类）红色名录评估结果统计

| | 哺乳类 | | 鸟类 | | 爬行类 | | 两栖类 | | 合计 | |
|---|---|---|---|---|---|---|---|---|---|---|
| | 全国 | 西南 | 全国 | 西南 | 全国 | 西南 | 全国 | 西南 | 全国 | 西南 |
| 灭绝（EX） | 0 | 0 | 0 | 0 | 0 | 0 | 1 | 1 | 1 | 1 |
| 野外灭绝（EW） | 3 | 1 | 0 | 0 | 0 | 0 | 0 | 0 | 3 | 1 |
| 地区灭绝（RE） | 3 | 3 | 3 | 1 | 0 | 0 | 1 | 0 | 7 | 4 |
| 极危（CR） | 55 | 37 | 14 | 9 | 35 | 24 | 13 | 7 | 117 | 77 |
| 濒危（EN） | 52 | 36 | 51 | 39 | 37 | 26 | 47 | 30 | 187 | 131 |
| 易危（VU） | 66 | 52 | 80 | 69 | 65 | 35 | 117 | 89 | 328 | 245 |
| 近危（NT） | 150 | 105 | 190 | 159 | 78 | 52 | 76 | 54 | 494 | 370 |
| 无危（LC） | 256 | 155 | 886 | 759 | 177 | 133 | 108 | 79 | 1427 | 1126 |
| 数据缺乏（DD） | 70 | 32 | 150 | 80 | 66 | 45 | 51 | 40 | 337 | 197 |
| 未评估（NE） | 43 | 31 | 100 | 66 | 47 | 35 | 93 | 54 | 283 | 186 |
| 合计 | 698 | 452 | 1474 | 1182 | 505 | 350 | 507 | 354 | 3184 | 2338 |
| 受威胁物种 (%)* | 26.4 | 29.7 | 10.6 | 10.5 | 29.9 | 27.0 | 42.8 | 42.0 | 21.8 | 21.1 |
| 受关注物种 (%)** | 60.0 | 62.2 | 35.3 | 31.9 | 61.4 | 57.8 | 73.4 | 73.3 | 50.4 | 47.4 |
| 缺乏了解物种 (%)*** | 16.2 | 13.9 | 17.0 | 12.4 | 22.4 | 22.9 | 28.4 | 26.6 | 19.5 | 16.4 |

注：* 指已评估物种中极危、濒危和易危物种的合计；** 指已评估物种中极危、濒危、易危、近危和数据缺乏物种的合计；*** 指已评估物种中数据缺乏和未评估物种的合计。

### 4. 重要的候鸟迁徙通道和越冬地

全球八大鸟类迁徙路线中，有两条贯穿我国西南地区。一是中亚迁徙路线的中段偏东地带，在俄罗斯中西部及西伯利亚西部、蒙古国，以及我国内蒙古东部和中部草原、陕西地区繁殖的候鸟，秋季时飞过大巴山、秦岭等山脉，穿越四川盆地，经云贵高原的横断山脉向南，有些则飞越喜马拉雅山脉、唐古拉山脉、巴颜喀拉山脉和祁连山脉向南，然后在我国青藏高原南部、云贵高原，或南亚次大陆越冬。这条路线跨越许多海拔 5000～8000m 的高山，是全球海拔最高的迁徙线路。二是西亚—东非迁徙路线的中段偏东地带，东起内蒙古和甘肃西部以及新疆大部分地区，沿昆仑山脉向西南进入西亚和中东地区，有些则飞越青藏高原后进入南亚次大陆越冬，还有部分鸟类继续飞越印度洋至非洲越冬。

我国西南地区不仅是候鸟迁飞的重要通道和中间停歇地，也是许多鸟类的重要越冬地，西南地区记录的 41 种雁形目鸟类中，有 30 多种是每年从北方飞来越冬的冬候鸟。在西藏等地区，除可以看到长途迁徙的大量候鸟外，还有像黑颈鹤那样，春季在青藏高原的高海拔地区繁殖，秋季迁徙到距离不远的低海拔河谷地区避寒越冬的种类，形成独特的区内迁徙。

## 四、生物多样性保护的全球热点

西南地区是我国少数民族的主要聚居地，各民族都有自己悠久的历史和丰富多彩的文化，在不同的生活环境和条件下，不同民族创造并以适合自己的方式繁衍生息。在长期的生活和生产活动中，许多民族逐渐认识并与自然和动物建立了紧密联系，产生了朴素的自然保护意识。如藏族人将鹤类，以及胡兀鹫、秃鹫、高山兀鹫等猛禽奉为"神鸟"；傣族人把孔雀和鹤，阿昌人把白腹锦鸡，白族人把鹤敬为"神鸟"而加以保护。但由于西南地区山高谷深、交通闭塞、生产力低下，直到20世纪中后期，仍有边疆少数民族依靠采集野生植物和猎捕鸟兽来维持生计，野生动物是其食物蛋白的重要来源或重要的治病药材，导致一些动物特别是大型脊椎动物的数量不断下降。特别是在20世纪50年代以后，在经济和社会发展迅速、人口迅猛增加的同时，野生动植物也成为商品而产生了大量交易，西南地区出现了严重的乱砍滥伐和乱捕滥猎等问题，野生动物栖息地不断遭到损毁，野生动物生存空间日益缩小，动物种群数量不断下降，有的甚至遭到了灭顶之灾。如因昆明滇池1969年开始进行"围湖造田"，加上城市污水直排入湖等原因，导致了生活于滇池周边的滇螈因失去产卵场所和湖水严重污染而灭绝。

为此，中国政府自20世纪80年代开始，将生物多样性保护列入了基本国策，签署和加入了一系列国际保护公约，颁布实施了多部法律或法规，将生态系统和生物多样性保护纳入法律体系内。我国西南地区相继有一批重要地点被列入全球或全国的重要保护项目或计划中（表5、表6），从而使这些独特而重要的地点依法、依规得到了保护。特别是在21世纪到来之际，中国在开始实施西部大开发战略的同时，还启动了天然林保护工程、退耕还林工程、野生动植物保护及自然保护区建设工程、长江中上游防护林体系建设工程等多项环境和生物多样性保护的重大工程，西南地区在其中都是建设的重点，并取得了许多重要进展，西南地区生物多样性下降的总体趋势有所减缓，但还未得到完全有效的遏制。西南地区是我国社会和经济发展较为落后的贫困区，但同时也是发展最为迅速的区域，在 2013—2018 年这 6 年中，我国大陆 31 个省（直辖市、自治区）的 GDP 增速排名前三的省（直辖市、自治区）基本都出自西南地区，伴随而来的是人类活动强度不断增加，自然环境受到的干预和破坏不断加速加重，导致了栖息地退化或丧失、环境污染现象，再加上气候变化、外来物种入侵的影响，这一区域的生命支持系统正在承受着前所未有的压力。例如在 2000—2010 年，如果我们仅关注林地面积减少（与林地增长分别统计），云南、广西、四川的林地丧失面积分别排名全国第 1、2、4 位，广西、贵州的年均林地丧失率排名全国第 1、3 位。

拥有丰富、多样而独特的资源本底，加上正在经历历史上最快速的变化，我国西南地区的环境和生物多样性保护受到了国内外的高度关注，在全球 36 个生物多样性保护热点地区中，涉及我国的有 3 个——印缅地区、中国西南山地和喜马拉雅，它们在我国的范围全部都位于西南地区（表 5）。我国在西南地区建立了 102 个国家级自然保护区（表 6），约占全国国家级自然保护区总面积的 45%。野生动物资源保护事关生态安全和社会经济的可持续发展。我国正从环境付出和资源输出型大国向依靠科技力量保护环境和可持续利用自然资源的发展方式转型。生态文明建设成为国家总体战略布局的重要组成部分，本着尊重自然、顺应自然、保护自然，绿水青山就是金山银

表 5　中国西南 6 省（直辖市、自治区）被列入全球重要保护项目或计划的地点

| 类别 | 数量 | | 名称（所属省、直辖市、自治区） |
| --- | --- | --- | --- |
| | 全国 | 西南 | |
| 世界文化自然双重遗产 | 4 | 1 | 峨眉山—乐山大佛风景名胜区（四川） |
| 世界自然遗产 | 13 | 8 | 黄龙风景名胜区（四川）、九寨沟风景名胜区（四川）、大熊猫栖息地（四川）、三江并流保护区（云南）、中国南方喀斯特（云南、贵州、重庆、广西）、澄江化石遗址（云南）、中国丹霞（包括贵州赤水、福建泰宁、湖南崀山、广东丹霞山、江西龙虎山、浙江江郎山等 6 处）、梵净山（贵州） |
| 世界生物圈保护区 | 34 | 11 | 卧龙（四川）、黄龙（四川）、亚丁（四川）、九寨沟（四川）、茂兰（贵州）、梵净山（贵州）、珠穆朗玛（西藏）、高黎贡山（云南）、西双版纳（云南）、山口红树林（广西）、猫儿山（广西） |
| 世界地质公园 | 39 | 7 | 石林（云南）、大理苍山（云南）、织金洞（贵州）、兴文石海（四川）、自贡（四川）、乐业—凤山（广西）、光雾山—诺水河（四川） |
| 国际重要湿地 | 57 | 11 | 大山包（云南）、纳帕海（云南）、拉市海（云南）、碧塔海（云南）、色林错（西藏）、玛旁雍错（西藏）、麦地卡（西藏）、长沙贡玛（四川）、若尔盖（四川）、北仑河口（广西）、山口红树林（广西） |
| 全球生物多样性保护热点地区 | 3 | 3 | 印缅地区（西藏、云南）、中国西南山地（云南、四川）、喜马拉雅（西藏） |

表 6　中国西南 6 省（直辖市、自治区）已建立的国家级自然保护区

| 地名 | 数量 | 名称 |
| --- | --- | --- |
| 广西壮族自治区 | 23 | 银竹老山资源冷杉、七冲、邦亮长臂猿、恩城、元宝山、大桂山鳄蜥、崇左白头叶猴、大明山、千家洞、花坪、猫儿山、合浦营盘港—英罗港儒艮、山口红树林、木论、北仑河口、防城金花茶、十万大山、雅长兰科植物、岑王老山、金钟山黑颈长尾雉、九万山、大瑶山、弄岗 |
| 重庆市 | 6 | 五里坡、阴条岭、缙云山、金佛山、大巴山、雪宝山 |
| 四川省 | 32 | 千佛山、栗子坪、小寨子沟、诺水河珍稀水生动物、黑竹沟、格西沟、长江上游珍稀特有鱼类、龙溪—虹口、白水河、攀枝花苏铁、画稿溪、王朗、雪宝顶、米仓山、唐家河、马边大风顶、长宁竹海、老君山、花萼山、蜂桶寨、卧龙、九寨沟、小金四姑娘山、若尔盖湿地、贡嘎山、察青松多白唇鹿、长沙贡玛、海子山、亚丁、美姑大风顶、白河、南莫且湿地 |
| 云南省 | 20 | 乌蒙山、云龙天池、元江、轿子山、会泽黑颈鹤、哀牢山、大山包黑颈鹤、药山、无量山、永德大雪山、南滚河、云南大围山、金平分水岭、黄连山、文山、西双版纳、纳板河流域、苍山洱海、高黎贡山、白马雪山 |
| 贵州省 | 10 | 佛顶山、宽阔水、习水中亚热带常绿阔叶林、赤水桫椤、梵净山、麻阳河、威宁草海、雷公山、茂兰、大沙河 |
| 西藏自治区 | 11 | 麦地卡湿地、拉鲁湿地、雅鲁藏布江中游河谷黑颈鹤、类乌齐马鹿、芒康滇金丝猴、珠穆朗玛峰、羌塘、色林错、雅鲁藏布大峡谷、察隅慈巴沟、玛旁雍错湿地 |
| 合计 | 102 | |

注：至 2018 年，我国有国家级自然保护区 474 个。

**33**

山的理念，我国正在加紧实施重要生态系统保护和修复重大工程，并在脱贫攻坚战中坚持把生态保护放在优先位置，探索生态脱贫、绿色发展的新路子，让贫困人口从生态建设与修复中得到实惠。面对我国野生动植物资源保护的严峻形势，面对生态文明建设和优化国家生态安全屏障体系的新要求，西南地区野生动物保护工作任重而道远，需要政府、科学家和公众共同携手努力，才能确保野生动植物资源保护不仅能造福当代，还能惠及子孙，为实现中国梦和建设美丽中国做出贡献！

## 五、本书概况

本丛书分为 5 卷 7 本，以图文并茂的方式逐一展示和介绍了我国西南地区约 2000 种有代表性的陆栖脊椎动物和昆虫。每个物种都配有 1 幅以上精美的原生态图片，介绍或描述了每个物种的分类地位、主要识别特征、濒危或保护等级、重要的生物学习性和生态学特性，有的还涉及物种的研究史、人类利用情况和保护现状与建议等。哺乳动物卷介绍了 11 目 30 科 76 属 115 种，为本区域已知物种的 26%；鸟类卷（上、下）介绍了已知鸟类 20 目 89 科 347 属 761 种，为本区域已知物种的 64%；爬行动物卷介绍了爬行动物 2 目 22 科 90 属 230 种，其中有 2 个属、13 种蜥蜴和 2 种蛇为本书首次发表的新属或新种，为本区域已知物种的 66%；两栖动物卷介绍了 294 种，为本区域已知物种的 77%。以上 5 卷合计介绍了本区域已知陆栖脊椎动物的 60%。昆虫卷（上、下）介绍了西南地区近 700 种五彩缤纷的昆虫。《前言》部分介绍了造就我国西南地区丰富的物种多样性的自然环境和条件、复杂的动物地理区系，以及本区域野生动物资源的突出特点，强调了地形地貌和气候的复杂性是形成西南地区野生动物多样性和特殊性的主要原因，并对本区域动物多样性保护的重要性进行了简要论述。

本书是在国内外众多科技工作者辛勤工作的大量成果基础上编写而成的。本书采用的分类系统为国际或国内分类学家所采用的主流分类系统，反映了国际上分类学、保护生物学等研究的最新成果，具体可参看每一卷的《后记》。本书主创人员中，有的既是动物学家也是动物摄影家。由于珍稀濒危动物大多分布在人迹罕至的荒野，或分布地极其狭窄，或对人类的警戒性较强，还有不少物种人们对其知之甚少，甚至还没有拍到过原生态照片，许多拍摄需在人类无法生存的地点进行长时间追踪或蹲守，因而本书非常难得地展示了许多神秘物种的芳容，如本书发表的 13 种蜥蜴和 2 种蛇新种就是首次与读者见面。作为展示我国西南地区博大深邃的动物世界的一个窗口，本书每幅精美的图片记录的只是历史长河中匆匆的一瞬间，但只要用心体会，就可窥探到其暗藏的故事，如动物的行为状态、栖息或活动场所等，从中可以看出动物的喜怒哀乐、栖息环境的大致现状等。我们真诚地希望本书能让更多的公众进一步认识和了解野生动物的美，以及它们的自然价值和社会价值，认识和了解到有越来越多的野生动物正面临着生存的危机和灭绝的风险，唤起人们对野生动物的关爱，激发越来越多的公众主动投身到保护环境、保护生物多样性、保护野生动物的伟大事业中，为珍稀濒危动物的有效保护做贡献。

衷心感谢北京出版集团对本书选题的认可和给予的各种指导与帮助，感谢中国科学院战略性先导科技专项 XDA19050201、XDA20050202 和

XDA 23080503 对编写人员的资助。我们谨向所有参与本书编写、摄影、编辑和出版的人员表示衷心的感谢，衷心感谢季维智院士对本书编写工作给予的指导并为本书作序。由于编著者学识水平和能力所限，错误和遗漏在所难免，我们诚恳地欢迎广大读者给予批评和指正。

2020年3月于昆明

**《前言》主要参考资料**

【01】IUCN 2020. The IUCN Red List of Threatened Species.

　　　Version 2020-1. https://www.iucnredlist.org.

【02】蔡波，王跃招，陈跃英，等 . 中国爬行纲动物分类厘定 [J]. 生物

　　　多样性，2015, 23(3): 365-382.

【03】蒋志刚，江建平，王跃招，等 . 中国脊椎动物红色名录 [J]. 生物

　　　多样性，2016, 24(5): 500-551.

【04】蒋志刚，刘少英，吴毅，等 . 中国哺乳动物多样性（第 2 版）[J].

　　　生物多样性，2017, 25 (8): 886-895.

【05】蒋志刚，马勇，吴毅，等 . 中国哺乳动物多样性及地理分布 [M].

　　　北京：科学出版社，2015.

【06】张荣祖 . 中国动物地理 [M]. 北京：科学出版社，1999.

【07】郑光美主编 . 中国鸟类分类与分布名录（第 3 版）[M]. 北京：科

　　　学出版社，2017.

【08】中国科学院昆明动物研究所 . 中国两栖类信息系统 [DB].

　　　2019.http://www.amphibiachina.org.

# 目录

**39**

**43**

**45**

**47**

**49**

雀形目
# PASSERIFORMES

# 长尾阔嘴鸟
*Psarisomus dalhousiae*

　　全长约25 cm，嘴形宽扁。前额至后颈和耳羽黑色，头顶中央有一亮蓝色块斑，后枕两侧各有一鲜黄色斑，额基和眼先黄绿色，颊部、颈侧和颏、喉部亮黄色；体背为鲜亮的草绿色，飞羽黑色并具钴蓝色翅斑，尾羽表面钴蓝色，中央尾羽较长；下体余部淡蓝绿色。热带林栖鸟类，栖息于热带常绿阔叶林，常结群活动于林下灌木和小树上。以昆虫和其他小动物为食，也吃果实等植物性食物。繁殖期4—7月，巢呈梨状悬吊于树枝上，每窝产卵4～5枚。我国分布于西藏、云南、贵州、广西，国外分布于喜马拉雅山脉、中南半岛、苏门答腊岛、加里曼丹岛。

阔嘴鸟科 Eurylaimidae
中国保护等级：Ⅱ级
中国评估等级：近危（NT）
世界自然保护联盟（IUCN）评估等级：无危（LC）

## 银胸丝冠鸟
*Serilophus lunatus*

　　全长约18 cm，头部灰色。雄鸟嘴宽而扁，蓝灰色，眉纹粗著呈黑色，由眼前伸达后颈两侧，眼先、颊和耳羽沾锈黄色，后枕羽毛较长，形成丝状羽冠；下背至腰和尾上覆羽棕栗色，翅黑色，具亮蓝色翅斑，尾羽黑色，外侧具白色端斑；下体银灰白色。雌鸟颈侧至上胸羽毛尖端亮银白色，呈项圈状，其余羽色与雄鸟相似。热带林栖鸟类，栖息于热带和南亚热带山地森林中，多成小群在林缘溪边的灌丛和小树上活动，不善跳跃和鸣叫。食物以昆虫等小型无脊椎动物为主，兼食果实、种子等植物性食物。我国分布于云南、广西、海南，国外分布于中南半岛、苏门答腊岛。

阔嘴鸟科 Eurylaimidae
中国保护等级：Ⅱ级
中国评估等级：近危（NT）
世界自然保护联盟（IUCN）评估等级：无危（LC）

# 双辫八色鸫
*Hydrornis phayrei*

全长约23 cm。雄鸟头顶至后颈具粗著的黑色冠纹，前额及冠纹两侧淡棕色，眉纹白色，各羽均具黑色细鳞纹，后枕两侧具黄、黑相杂的长矛状羽，形如双辫，眼先、颊和耳羽黑色，具棕黄色细纹；上体暗褐色；颏、喉淡棕白色，下体茶黄色，胸和两胁具黑斑，尾下覆羽橙红色。雌鸟似雄鸟但头顶羽冠为暗褐色，喉较白，胸部及两胁的黑斑较密。栖息于海拔1900 m以下的常绿阔叶林及竹林内，在林下灌丛、竹丛或草丛间阴湿处活动，在地面上觅食昆虫等无脊椎动物。繁殖期5—7月，每窝产卵4枚。我国分布于云南南部，国外分布于缅甸、泰国、老挝、柬埔寨、越南。

八色鸫科 Pittidae
中国保护等级：II级
中国评估等级：易危（VU）
世界自然保护联盟（IUCN）评估等级：无危（LC）

## 蓝枕八色鸫
*Hydrornis nipalensis*

全长约23 cm。雄鸟前额、头侧和颈侧棕黄色，具黑色眼后纹，头顶后部至后颈亮蓝色；背和肩羽、腰和尾上覆羽暗草绿而渲染茶黄褐色，翅暗褐色，尾羽表面暗棕褐色；颏和喉淡棕色，下体茶黄色。雌鸟头顶后部为棕茶黄色，后颈暗绿色。栖息于热带雨林和季雨林中，多见单个或成对在林下较阴湿的地面或灌丛间活动，清晨和黄昏活动较频繁。主要以昆虫等小动物为食。我国主要分布于西藏、云南、广西，国外分布于尼泊尔、不丹、印度、孟加拉国、缅甸、老挝和越南。

八色鸫科 Pittidae
中国保护等级：Ⅱ级
中国评估等级：易危（VU）
世界自然保护联盟（IUCN）评估等级：无危（LC）

## 蓝背八色鸫
*Hydrornis soror*

　　全长约24 cm。雄鸟前额红褐色，头顶至上背和肩羽草绿色；下背至腰亮蓝色，尾上覆羽和尾羽表面蓝绿色，翅暗褐色；头、颈两侧和下体棕茶黄色，颏和喉淡棕白色，下腹和尾下覆羽羽色较浅淡。栖息于热带常绿阔叶林中，常单个或成对在林下潮湿的地面落叶层中寻找食物。主要以昆虫为食，也吃种子、果实等植物性食物。我国分布于云南、广西、海南，国外分布于越南、老挝、柬埔寨、泰国。

八色鸫科 Pittidae
中国保护等级：Ⅱ级
中国评估等级：濒危（EN）
世界自然保护联盟（IUCN）评估等级：无危（LC）

# 栗头八色鸫
*Hydrornis oatesi*

　　全长约26 cm，体形圆胖。头部栗褐色，眼后具黑纹、前额、两颊、颈侧、喉至上胸渲染粉红色；体背面及尾羽表面铜绿色具金属光泽；腰沾蓝色，下体黄褐色。雌鸟体色不如雄鸟鲜艳。栖息于热带、亚热带常绿阔叶林中，单个或成对在茂密的林下阴湿处活动觅食。食物主要为昆虫，也取食一些植物的种子和果实。繁殖期通常在5—8月，每窝产卵4～5枚，雌雄亲鸟共同营巢、孵化和育雏。我国分布于云南，国外分布于缅甸、老挝、越南、泰国和马来西亚。

八色鸫科 Pittidae
中国保护等级：Ⅱ级
中国评估等级：易危（VU）
世界自然保护联盟（IUCN）评估等级：无危（LC）

**57**

## 蓝八色鸫
*Hydrornis cyaneus*

全长约24 cm。雄鸟前额至枕部中央冠纹黑色，两侧赭灰色，头顶后部至后颈金红色，宽阔的黑色贯眼纹伸达颈侧，颊纹皮黄色，颚纹黑色；体背、肩和尾羽亮蓝色，飞羽黑褐色具白色翅斑；喉白色，上有灰黑色斑，下体淡蓝色，密布黑色斑点及横斑，胸部渲染淡茶黄色，腹部中央和尾下覆羽白色。雌鸟体羽蓝色不如雄鸟鲜亮，背和肩羽染褐色。栖息于海拔2000 m以下热带雨林，多单独在阴湿的林下灌木及草丛中活动，觅食昆虫及小动物。我国分布于云南，国外分布于南亚次大陆东北部、中南半岛。

八色鸫科 Pittidae
中国保护等级：Ⅱ级
中国评估等级：数据缺乏（DD）
世界自然保护联盟（IUCN）评估等级：无危（LC）

## 绿胸八色鸫
*Pitta sordida*

　　全长约18 cm，体形圆胖，尾短，腿长。前额、头顶至后枕栗褐色，头侧、颈部及颏和喉部黑色；上体及尾羽表面绿色，腰蓝绿色，翅黑色具粉蓝色翅斑；胸及腹部淡蓝绿色，腹部中央及尾下覆羽亮红色。栖息于热带、亚热带常绿阔叶林中，多见单个或成对在林下或林缘沟谷地带潮湿的地面落叶层中寻找食物。主要以昆虫和种子、果实等为食。我国分布于云南，国外分布于喜马拉雅山脉至中南半岛、马来群岛。

八色鸫科 Pittidae
中国保护等级：II级
中国评估等级：易危（VU）
世界自然保护联盟（IUCN）评估等级：无危（LC）

**59**

# 仙八色鸫
*Pitta nympha*

全长约20 cm。前额至枕部深栗色，头顶中央具显著的黑色冠纹，眉纹淡黄色延伸至后枕，宽阔的黑色贯眼纹伸达后颈与冠纹相连；背、肩及内侧飞羽辉绿色，翅上小覆羽、腰和尾上覆羽亮蓝色，飞羽黑色具白色翅斑，尾羽黑色；颊黑褐色，喉和颈侧白色，下体淡黄褐色，腹部中央及尾下覆羽猩红色。栖息于热带或亚热带常绿阔叶林中和林缘地带，喜单独在林下阴湿处的灌丛中活动。主要以昆虫和软体动物为食。繁殖期5—7月，每窝产卵4~6枚。我国分布于云南、贵州、湖北、湖南、安徽、江西、浙江、福建、广东、广西、台湾，国外分布于日本、韩国、马来西亚、印度尼西亚、文莱。

八色鸫科 Pittidae
中国保护等级：Ⅱ级
中国评估等级：易危（VU）
世界自然保护联盟（IUCN）评估等级：易危（VU）
濒危野生动植物种国际贸易公约（CITES）：附录Ⅱ

## 蓝翅八色鸫
### *Pitta moluccensis*

　　全长约18cm。前额至枕部浅黄褐色，有黑色中央冠纹，头侧至后颈亮黑色，并与冠纹在后颈处相连；背、肩及内侧次级飞羽表面草绿色，翅、腰和尾上覆羽亮紫蓝色，翅上具白斑；喉至颈侧白色，胸、腹和两胁茶褐色，腹部中央至尾下覆羽猩红色。栖息于热带雨林林下阴湿处，喜欢在沟谷地带的树丛、竹林、灌木丛中活动。主要取食昆虫和蚯蚓、蜈蚣等小动物。5月下旬开始营巢，每窝产卵5~7枚。我国分布于云南，国外分布于中南半岛和马来群岛。

八色鸫科 Pittidae
中国保护等级：II级
中国评估等级：数据缺乏（DD）
世界自然保护联盟（IUCN）评估等级：无危（LC）

## 褐背鹞鵙
### *Hemipus picatus*

　　体长约15 cm。雄鸟头至上背黑色，背褐色，腰白色，尾上覆羽和尾羽黑色，外侧尾羽具白端，翅黑褐色具白色翅斑；下体淡葡萄褐色。雌鸟头、颈部及背和两翅为黑褐色。栖息于山地阔叶林和针阔混交林中，也见于林缘或耕地附近的树上。除繁殖期外多结小群活动。主要以各种昆虫及其幼虫为食。繁殖期3—6月，每窝产卵2～3枚。我国分布于西藏、云南、贵州、广西，国外分布于喜马拉雅山脉东段、中南半岛、苏门答腊岛、加里曼丹岛。

钩嘴鹀科 Vangidae
中国评估等级：数据缺乏（DD）
世界自然保护联盟（IUCN）评估等级：无危（LC）

## 黑翅雀鹎
### *Aegithina tiphia*

　　全长约15 cm。雄鸟额和头顶黄绿色；上体橄榄绿色，尾上覆羽和尾羽黑色，翅黑色，具两道白色翅斑；下体黄绿色。雌鸟羽色较雄鸟浅淡，翅褐黑色。栖息于开阔的阔叶林、杂木灌丛和林缘地带，也见于村寨附近的灌木丛中。多成对或结小群活动，杂食性，主要以昆虫为食，也吃植物果实和种子等。繁殖期4—7月，每窝产卵2～4枚，雌雄轮流孵卵。我国分布于西藏、云南、广西，国外分布于南亚和东南亚。

雀鹎科 Aegithinidae
中国评估等级：无危（LC）
世界自然保护联盟（IUCN）评估等级：无危（LC）

# 灰喉山椒鸟
*Pericrocotus solaris*

　　全长约18 cm。雄鸟头部和上背黑灰色，下背、尾上覆羽红色，翅黑色，具红色翼斑，中央尾羽黑色，外侧尾羽红色；喉灰白色，下体橙红色。雌鸟头部至上背暗灰色，其他羽色与雄鸟相似，但红色部分均由黄色取代。栖息于山区阔叶林、针叶林、针阔混交林及杂木林中。成对或结群活动。主要以昆虫等动物性食物为食，偶尔也吃少量植物果实和种子。通常在5—6月繁殖，每窝产卵3～4枚。我国分布于西藏、云南、四川、重庆、贵州、湖北、湖南、安徽、江西、福建、广东、香港、广西、海南、台湾，国外分布于喜马拉雅山脉东段、中南半岛。

山椒鸟科 Campephagidae
中国评估等级：无危（LC）
世界自然保护联盟（IUCN）评估等级：无危（LC）

## 短嘴山椒鸟
*Pericrocotus brevirostris*

全长约20 cm。雄鸟头、颈、背、肩羽和上胸黑色，
闪蓝色金属光泽，腰和尾上覆羽红色，翅黑色，具红色翼
斑，中央尾羽黑色，外侧尾羽端部红色；下体红色。雌鸟
额部深黄色，颊和耳羽黄色，头顶至背暗灰色；腰和尾上
覆羽橄榄黄色，翅和尾黑色较浅，翅斑黄色，外侧尾羽端
部黄色；下体橙黄色。栖息于多种山地森林中，尤以常绿
阔叶林、混交林及林缘疏林地带较常见。常成对或结小
群活动。主要以昆虫为食。繁殖期5—7月，每窝产卵2～4
枚。我国分布于西藏、云南、四川、贵州、广东、广西，
国外分布于喜马拉雅山脉东段、中南半岛北部。

山椒鸟科 Campephagidae
中国评估等级：无危（LC）
世界自然保护联盟（IUCN）评估等级：无危（LC）

**65**

# 长尾山椒鸟
*Pericrocotus ethologus*

　　全长约20 cm。雄鸟头、颈及背和肩羽亮黑色，腰和尾上覆羽及整个下体赤红色，翅黑色，具红色翅斑，中央尾羽黑色，外侧尾羽红色。雌鸟头顶、头侧及背部灰褐色，腰、尾上覆羽、翅斑和外侧尾羽及下体黄色。栖息于山地森林、稀树灌丛及次生杂木林等生境中。喜结群活动。食物以昆虫为主，也吃一些植物的果实和种子。繁殖期5—7月，每窝产卵2~4枚。我国分布于北京、河北、山东、河南、山西、陕西、内蒙古、宁夏、甘肃、青海、西藏、云南、四川、贵州、湖北、湖南、广西，国外见于南亚中部和北部、东南亚北部。

山椒鸟科 Campephagidae
中国评估等级：无危（LC）
世界自然保护联盟（IUCN）评估等级：无危（LC）

# 赤红山椒鸟
*Pericrocotus flammeus*

　　全长约20 cm。雄鸟整个头部、颈部及背部、肩部辉蓝黑色，腰和尾上覆羽及胸、腹部和尾下覆羽赤红色，翅黑色，具两块红色翼斑，中央尾羽黑色，外侧尾羽红色。雌鸟额部黄色，头顶至背部灰色，眼先灰黑色，头、颈两侧及下体橄榄黄色，翅黑色，翅斑黄色，腰和尾上覆羽橄榄黄色，中央尾羽黑色，其余尾羽黄色。栖息于常绿阔叶林、针叶林、针阔混交林以及稀树草地和耕地。除繁殖期外多结群活动。主要以昆虫为食，也取食植物的果实和种子。我国分布于西藏、云南、贵州、湖南、江西、浙江、福建、广东、香港、澳门、广西、海南，国外分布于南亚和东南亚。

山椒鸟科 Campephagidae
中国评估等级：无危（LC）
世界自然保护联盟（IUCN）评估等级：无危（LC）

## 灰山椒鸟
*Pericrocotus divaricatus*

全长约20 cm。雄鸟头顶、贯眼纹黑色，额部、颈侧和下体白色，上体石灰色，翅和尾黑褐色，翅上具白色翅斑，外侧尾羽具白色端斑。雌鸟色浅而多灰色。栖息于常绿阔叶林和针阔混交林中，也见于果园或村落附近的疏林和高大树上。常成群在树冠层上空飞翔。食物主要为昆虫。我国繁殖于黑龙江、吉林，迁徙时途经我国沿海地区，国外繁殖于东北亚，冬季见于东南亚。

山椒鸟科 Campephagidae
中国评估等级：无危（LC）
世界自然保护联盟（IUCN）评估等级：无危（LC）

## 粉红山椒鸟
*Pericrocotus roseus*

　　全长约20 cm。雄鸟前额白色，眼先黑色，头余部和背灰色；翅灰褐色，具红色翅斑，腰和尾上覆羽红色，中央尾羽暗褐色，其余尾羽红色；下体粉红色，下腹中央近白色。雌鸟与雄鸟相似，但雄鸟身上的红色部分被黄色所取代。栖息于山地针叶林和混交林中，也见于次生阔叶林、林缘和稀疏的杂木灌丛中。喜结群。杂食性，主要以昆虫等小型无脊椎动物为食，也吃果实、种子等植物性食物。繁殖期4—7月，每窝产卵3~4枚。我国分布于云南、四川、贵州、广东、广西，国外分布于喜马拉雅山脉至中南半岛。

山椒鸟科 Campephagidae
中国评估等级：无危（LC）
世界自然保护联盟（IUCN）评估等级：无危（LC）

**69**

# 虎纹伯劳
*Lanius tigrinus*

　　全长约19 cm，嘴呈钩状，尾短而眼大。雄鸟头顶至上背蓝灰色，前额、眼先和耳羽黑色，形成宽阔的贯眼纹；上体余部棕栗色，杂以黑色波状细横纹，飞羽暗褐色，尾羽棕褐色且具不明显的横斑；下体白色，两胁染有蓝灰色。雌鸟与雄鸟相似，但眼先及眉纹色浅。栖息于平原、丘陵等较开阔的林地，常见停栖在林缘、河谷等处的乔木、灌木顶部或电线上。性凶猛，主要以昆虫为食，也吃少量植物性食物。我国分布于除新疆、青海、海南外的各省区，国外繁殖于东亚，冬季南迁到中南半岛北部和大巽他群岛越冬。

伯劳科 Laniidae
中国评估等级：无危（LC）
世界自然保护联盟（IUCN）评估等级：无危（LC）

# 红尾伯劳
*Lanius cristatus*

　　全长约20 cm。前额和眉纹灰白色，贯眼纹黑色，颊和颏、喉白色；上体大部棕褐色，翅黑褐色，尾羽棕褐色；下体棕白色。栖息于平原至低山、丘陵的林间或林缘。单独或成对活动，常站立在枝头或电线上瞭望，当发现猎物时能从停歇处急飞捕食，性较凶猛，除捕食昆虫外，有时还会袭击小鸟。繁殖期5—7月，在树上营巢，每窝产卵4～7枚。我国分布于除西藏外的地区，国外繁殖于东亚，冬季南迁到南亚次大陆东半部、中南半岛、马来群岛越冬。

伯劳科 Laniidae
中国评估等级：无危（LC）
世界自然保护联盟（IUCN）评估等级：无危（LC）

**71**

# 栗背伯劳
*Lanius collurioides*

　　全长约20 cm。眼先、眼周和耳羽黑色，形成宽阔的黑色贯眼纹，头顶、颈背及上背青灰色；下背、肩和尾上覆羽栗红色，翅和尾黑褐色，中央尾羽具淡棕黄色端斑；下体浅棕白色。栖息于热带、亚热带地区的开阔耕地及次生林中，常单独停栖在农田、村旁、林缘、河谷等处的树上或灌木草丛上。性凶猛，除昆虫外，也捕食蜥蜴等小型动物。我国分布于云南、贵州、广东、广西，国外分布于中南半岛。

伯劳科 Laniidae
中国评估等级：近危（NT）
世界自然保护联盟（IUCN）评估等级：无危（LC）

## 棕背伯劳
*Lanius schach*

　　全长约25 cm。前额黑色，与黑色贯眼纹相连，头顶至上背石板灰色，下背、肩羽和尾上覆羽深棕色，翅和尾黑色，具白色翼斑；颏、喉和腹部中央近白，两胁和尾下覆羽棕红色。栖息于较开阔的低山丘陵和平原地带，常活动于林缘及农田附近的树林，尤喜停在树冠、枝头或电线上。性凶猛，不仅能捕食昆虫，也捕食小鸟、蛙和蜥蜴等动物。我国分布于黄河以南广大地区，国外分布于中亚、南亚和东南亚。

伯劳科 Laniidae
中国评估等级：无危（LC）
世界自然保护联盟（IUCN）评估等级：无危（LC）

# 灰背伯劳
*Lanius tephronotus*

全长约25 cm。额基黑色，与黑色贯眼纹相连，头顶至下背和肩羽暗灰色，翅和尾黑褐色，尾羽羽缘和羽端棕褐色；胸、腰、两胁及尾下覆羽和尾上覆羽棕黄色，下体余部近白色。栖息于森林灌丛、草甸、林缘或农田旁、村寨附近的树木间。多单独或成对停息于干树枝顶部及树冠上。主要以昆虫等动物性食物为食，也吃少量植物性食物。我国分布于陕西、内蒙古、宁夏、甘肃、新疆、西藏、青海、云南、四川、贵州、广西，国外分布于喜马拉雅山脉至中南半岛北部。

伯劳科 Laniidae
中国评估等级：无危（LC）
世界自然保护联盟（IUCN）评估等级：无危（LC）

# 白腹凤鹛
## *Erpornis zantholeuca*

　　全长约13 cm。上体黄绿色，前额和头顶羽冠羽轴暗色，眼圈白色，眼先、颊部和耳羽及下体灰白色，尾下覆羽黄色。栖息于热带和南亚热带山地常绿阔叶林、次生林和稀树灌丛中。常结群或与其他小鸟混群活动，性活泼。食物以昆虫为主，也吃少量的植物性食物。我国分布于云南、贵州、江西、浙江、福建、广东、海南、广西、台湾，国外分布于喜马拉雅山脉中段至中南半岛、加里曼丹岛。

莺雀科 Vireonidae
中国评估等级：无危（LC）
世界自然保护联盟（IUCN）评估等级：无危（LC）

## 棕腹鹀鹛
### *Pteruthius rufiventer*

　　全长约20 cm。雄鸟头和后颈亮黑色；背部和尾上覆羽深栗红色，翅和尾羽黑色具栗色端斑；额、喉至胸灰色，胸侧染黄色，腹部淡红褐色。雌鸟前额、头顶至后颈黑灰色；背和肩羽、两翅和尾羽表面翠绿色。栖息于亚热带常绿阔叶林中。常结小群在树梢和林下灌丛中活动觅食，主要取食昆虫。我国分布于云南，国外分布于喜马拉雅山脉东段、中南半岛北部。

莺雀科 Vireonidae
中国评估等级：数据缺乏（DD）
世界自然保护联盟（IUCN）评估等级：无危（LC）

# 红翅鸡鹛
*Pteruthius aeralatus*

　　全长约17 cm。雄鸟头顶和头侧亮黑色，眉纹白色，喉部淡灰；背、肩和尾上覆羽蓝灰色，翅和尾羽黑色，翅上具栗红色翅斑，外侧尾羽具白色端斑；下体灰白色。雌鸟头顶和头侧灰色；背橄榄褐色，翅和尾羽表面亮黄绿色，尾羽具黑色端斑；胸、腹浅皮黄色，尾下覆羽白色。栖息于山地常绿阔叶林中，多单独、成对或与其他鸟类混群在树枝间或灌木丛中活动觅食。食物以昆虫为主，也吃浆果及植物种子。繁殖期1—6月，巢悬挂于树枝上，每窝产卵2～5枚。我国分布于西藏、云南、四川、重庆、贵州、湖南、江西、浙江、福建、广东、广西、海南，国外分布于喜马拉雅山脉至中南半岛、苏门答腊岛、加里曼丹岛。

莺雀科 Vireonidae
中国评估等级：无危（LC）
世界自然保护联盟（IUCN）评估等级：无危（LC）

## 淡绿鹀鹛
### *Pteruthius xanthochlorus*

　　全长约12 cm。头顶至后枕和头侧蓝灰色，贯眼纹黑色，眼圈白色；背和肩羽及尾上覆羽橄榄绿色，翅和尾羽黑褐色，具灰白色羽缘；颏至胸灰白色，两胁淡绿黄色，腹部中央和尾下覆羽灰黄色。雌鸟头顶褐灰色。栖息于阔叶林、针阔混交林中，常单独活动，有时也和山雀、柳莺等小型鸟类混群。食物主要为昆虫，也啄食植物种子、果实。繁殖期4—7月，每窝产卵2～4枚。我国分布于陕西、甘肃、西藏、云南、四川、重庆、湖南、安徽，国外分布于喜马拉雅山脉至中南半岛北部。

莺雀科 Vireonidae
中国评估等级：近危（NT）
世界自然保护联盟（IUCN）评估等级：无危（LC）

## 朱鹂
### *Oriolus traillii*

　　全长约26 cm。雄鸟头、颈至上胸和两翅亮黑色，肩、背至尾上覆羽和尾羽、下胸、腹部和尾下覆羽呈暗红色。雌鸟上体暗红褐色，胸和腹部灰白色并具暗褐色条纹。栖息于低山地区的常绿阔叶林、针阔混交林和竹林中，单独或成对在乔木中、上层活动。以昆虫和植物种子、浆果等为食。繁殖期4—5月，在高树枝上营巢，每窝产卵2～3枚，雌雄亲鸟共同筑巢、孵化和育雏。我国分布于西藏、云南、贵州、广西、海南、台湾，国外分布于喜马拉雅山脉至中南半岛。

黄鹂科 Oriolidae
中国评估等级：近危（NT）
世界自然保护联盟（IUCN）评估等级：无危（LC）

**79**

## 黑枕黄鹂
*Oriolus chinensis*

　　全长约26 cm。雄鸟体羽鲜黄色，黑色贯眼纹自眼先至枕部汇合，形成黑色环带；翅黑色，飞羽羽缘淡黄色，并具黄色端斑，尾羽黑色，除中央一对外，其他羽端黄色。雌鸟羽色不及雄鸟鲜亮。栖息于山地阔叶林、针阔混交林、稀树林以及村落附近的大树上，成对或结小群活动。主要以昆虫为食，也吃少量植物性食物。繁殖期5—7月，在高大树木的横枝上筑巢，每窝产卵2～4枚。我国分布于除新疆、西藏、青海外的地区，国外分布于南亚东北部和西南部以及中南半岛、马来群岛。

黄鹂科 Oriolidae
中国评估等级：无危（LC）
世界自然保护联盟（IUCN）评估等级：无危（LC）

# 细嘴黄鹂
*Oriolus tenuirostris*

　　全长约25 cm。上体橄榄绿黄色，嘴较细长，贯眼纹黑色，自眼先延伸至枕部；翅黑色，飞羽具淡黄色羽缘和黄色端斑，尾羽黑色，除中央一对外，其他均具黄色端斑；下体黄色。栖息于山地阔叶林、针阔混交林、针叶林及有稀疏树木的开阔原野，也见于村寨附近的树上，有垂直迁移习性。主要以昆虫为食，兼食一些植物性食物。我国分布于云南，国外分布于尼泊尔、不丹、印度、缅甸、老挝、越南、泰国。

黄鹂科 Oriolidae
中国评估等级：数据缺乏（DD）
世界自然保护联盟（IUCN）评估等级：无危（LC）

## 黑卷尾
*Dicrurus macrocercus*

　　全长约30 cm，通体黑色，闪暗蓝色金属光泽；尾长而呈叉状，外侧尾羽端部稍向上弯曲。栖息于热带、亚热带地区的开阔山地林缘，常单个或成对停息在树冠、灌丛、竹林以及田野间的电线上。性凶猛，主要以昆虫为食，善于从空中捕食飞虫。繁殖期6—7月，营巢于乔木上，巢呈碗状，每窝产卵3～4枚，雌雄亲鸟共同孵卵和育雏。我国分布于除新疆外的地区，国外分布于南亚次大陆、中南半岛、爪哇岛。

卷尾科 Dicruridae
中国评估等级：无危（LC）
世界自然保护联盟（IUCN）评估等级：无危（LC）

# 灰卷尾
*Dicrurus leucophaeus*

    全长约28 cm，尾长而呈叉状。前额基部绒黑色，头侧黑灰色；翅和尾羽黑褐色，具灰蓝色金属光泽；身体余部呈灰色。栖息于平坝和山区的阔叶林、针阔混交林、针叶林或疏林地带，常成对或结小群活动，喜停在林间空地的裸露树枝、藤条或高大乔木的树冠上，伺机捕食过往的飞虫。食物主要是昆虫，偶尔也食植物果实和种子。繁殖期4—7月，每窝产卵3~4枚。我国东北、华北、华东、华中、华南、西南地区均有分布，国外分布于南亚和东南亚。

卷尾科 Dicruridae
中国评估等级：无危（LC）
世界自然保护联盟（IUCN）评估等级：无危（LC）

## 古铜色卷尾
*Dicrurus aeneus*

　　全长约23 cm，嘴形平扁，尾呈叉状。上体自头顶至尾上覆羽黑色，闪紫蓝色金属光泽，额基和头侧及颏和喉部暗黑色，腹部深灰黑色。栖息于热带常绿阔叶林及竹林，常见于开阔林地或沟谷林地的树冠上。多结小群活动，善在空中捕食，食物以昆虫为主。繁殖期5—7月，在乔木横枝上筑巢，每窝产卵3～4枚，由雌雄亲鸟共同建巢、孵卵和育雏。我国分布于西藏、云南、贵州、广东、澳门、广西、海南、台湾，国外分布于南亚次大陆、中南半岛、大巽他群岛。

卷尾科 Dicruridae
中国鸟类保护等级：无危（LC）
世界自然保护联盟（IUCN）评估等级：无危（LC）

84

# 小盘尾
## *Dicrurus remifer*

　　全长约26 cm（不含外侧尾羽延长部分），通体纯黑色，具显著蓝绿色金属光泽。头部无羽冠，嘴基及前额具绒黑色羽簇；尾呈方形，最外侧一对尾羽特别延长，羽干部分裸出，端部羽片呈匙状。栖息于热带常绿阔叶林、次生林及林缘地带。常单个或结小群在林间活动，飞行时尾羽起伏飘飞，十分优雅。食物主要为昆虫。繁殖期3—6月，每窝产卵3~4枚。我国分布于云南、广西，国外分布于喜马拉雅山脉中段至中南半岛、苏门答腊岛。

卷尾科 Dicruridae
中国保护等级：II级
中国评估等级：近危（NT）
世界自然保护联盟（IUCN）评估等级：无危（LC）

# 发冠卷尾
*Dicrurus hottentottus*

　　全长约32 cm，通体羽毛绒黑色，具明显的蓝绿色金属光泽。前额有一束发状羽形成的羽冠，颏部羽呈绒毛状；喉、胸部的羽端具蓝绿色金属光泽的滴状斑；外侧尾羽长且羽端向内上方卷曲。林栖性鸟类，栖息于热带、亚热带丘陵或山地林区。单独或成对活动，多在树上或空中捕食昆虫。繁殖期4—7月，筑巢于高大乔木顶端的枝丫上，每窝产卵3~4枚。我国主要分布于华北及淮河—秦岭以南广大地区，国外分布于南亚次大陆、中南半岛、大巽他群岛。

卷尾科 Dicruridae
中国评估等级：无危（LC）
世界自然保护联盟（IUCN）评估等级：无危（LC）

# 大盘尾
*Dicrurus paradiseus*

　　全长约35 cm（不含外侧尾羽的延长部分），通体黑色，上体闪蓝绿色金属光泽。额羽长而形成一簇向后弯曲的黑色羽冠；尾呈叉形，外侧一对尾羽显著延长形成飘带状，羽干裸出，末端具向上卷曲的羽片；胸部具闪蓝色金属光泽的滴状点斑。栖息于低山热带常绿阔叶林和次生竹林等密林中。单独、成对或结小群活动，飞行时拖着长尾，做波浪状起伏飞翔，姿态优美，鸣声响亮多变，常模仿其他鸟叫声。以昆虫等动物性食物为主。繁殖期4—6月，筑巢于高大乔木的树枝上，每窝产卵3～4枚，雌雄亲鸟共同营巢、孵化和育雏。我国分布于云南、海南，国外分布于南亚次大陆东半部、中南半岛、大巽他群岛。

卷尾科 Dicruridae
中国保护等级：Ⅱ级
中国评估等级：易危（VU）
世界自然保护联盟（IUCN）评估等级：无危（LC）

# 白喉扇尾鹟
*Rhipidura albicollis*

　　全长约19 cm。头部黑色，喉部白色伸达颈侧，眉纹白色；颈部、肩、背至尾上覆羽及下体均呈褐灰色，翅暗褐色，尾羽黑褐色，除中央一对尾羽外，其余尾羽均具白色羽端。栖息于热带和亚热带阔叶林、混交林及竹林中，常单独或成对在林下或林缘灌丛、矮树上活动。性活泼，活动时常将尾散开呈扇状并左右摆动。主要以昆虫为食，也吃少量种子等植物性食物。繁殖期4—7月，每窝产卵3～4枚，由雌雄鸟共同营巢、孵卵和育雏。我国分布于西藏、云南、四川、贵州、广东、广西、海南，国外分布于喜马拉雅山脉至中南半岛、苏门答腊岛、加里曼丹岛。

扇尾鹟属 Rhipidura sp.
叫声级 级别……
世界自然保护联盟(IUCN)濒危等级：无危（LC）

# 黑枕王鹟
## *Hypothymis azurea*

　　全长约16 cm。雄鸟头、颈及额、喉至上胸天蓝色，额基黑色，枕部具绒黑色块斑，喉与胸之间有一绒黑色横带；背羽和尾上覆羽、翅和尾羽表面灰蓝色；腹至尾下覆羽白色。雌鸟头、颈和胸部灰蓝色，枕部和喉、胸部无黑色斑块；背和尾上覆羽及翅和尾羽灰褐色；腹和尾下覆羽灰白色。栖息于热带常绿阔叶林或次生林中。常见单个或成对在林下枝叶和灌丛间活动。主要以昆虫为食。繁殖期4—7月，在枝杈上营巢，巢呈深杯状，每窝产卵3～5枚，由雌雄鸟共同营巢、孵卵和育雏。我国分布于云南、四川、贵州、广东、香港、澳门、广西、海南、台湾，国外分布于南亚次大陆东部和南部、中南半岛、马来群岛。

王鹟科 Monarchidae
中国评估等级：无危（LC）
世界自然保护联盟（IUCN）评估等级：无危（LC）

# 东方寿带
## *Terpsiphone affinis*

　　体长约22 cm，加上延长的尾羽可达37 cm，有栗色和白色两种色型。栗色型雄鸟前额、头顶至后枕黑色，后枕具枕冠，闪蓝色金属光泽；眼周裸露呈灰蓝色，眼先、颊和耳羽黑灰色；颈部及颏、喉至胸暗灰色；翅黑色，上体余部及尾羽暗栗红色，两枚中央尾羽特别延长形成飘带状；腹部白色，尾下覆羽淡棕色。雌鸟羽色与雄鸟相似，但眼周无灰蓝色，中央尾羽不延长。栖息于山地常绿阔叶林或竹林间。常单个或成对出没于林缘疏林和沟谷溪流附近的树林，雄鸟飞行时长尾摇曳，姿态优美。食物以昆虫为主。繁殖期4—7月，每窝产卵3～4枚。我国分布于西藏、云南和广西，国外分布于喜马拉雅山脉东段、中南半岛、大巽他群岛。

王鹟科 Monarchidae
世界自然保护联盟（IUCN）评估等级：无危（LC）

# 白脸松鸦
*Garrulus leucotis*

体全长约33 cm。额部、头、颈两侧和颏、喉白色，头顶至后颈、下颊黑色；其他与欧亚松鸦相似。栖息于阔叶林、松林、针阔混交林中。多见单个或成对活动。食性较杂，以昆虫等小型无脊椎动物为主。繁殖期3—5月，巢大多筑在乔木上，呈杯形，每窝产卵3~5枚。我国分布于云南南部，国外分布于缅甸、老挝、越南、泰国、柬埔寨。

鸦科 Corvidae
中国评估等级：无危（LC）
世界自然保护联盟（IUCN）评估等级：无危（LC）

## 黄嘴蓝鹊
*Urocissa flavirostris*

　　全长约62 cm。嘴黄色，头、颈和上胸黑色，颈背具白斑；背、肩、腰和两翅紫蓝灰色，飞羽具白色端斑，尾长，呈紫蓝色，中央尾羽端部白色；下体余部灰白色。栖息于常绿阔叶林中，常活动于开阔森林及岩坡等处的林间。喜结小群。食性较杂，以昆虫以及树蛙、蜥蜴等小型脊椎动物为食，也吃果实等植物性食物。我国分布于西藏和云南，国外分布于巴基斯坦东北部、印度北部、尼泊尔、不丹、缅甸西部及越南北部。

鸦科 Corvidae
国家保护等级：未定（LC）
世界自然保护联盟（IUCN）濒危等级：无危（LC）

# 红嘴蓝鹊
*Urocissa erythroryncha*

全长约65 cm。嘴红色，头、颈及上胸黑色，头顶至后颈具蓝白色块斑；上体包括翅和尾羽表面紫蓝灰色，飞羽和中央尾羽末端白色；下体余部灰白。栖息于丘陵和山区的森林中，也常出没于林缘、灌丛和竹林内。多成对或结小群活动。杂食性，主要以昆虫等小型动物以及植物果实、种子等为食。繁殖期3—7月，营巢于乔木或竹上，每窝产卵3~6枚。我国分布于华中、华北、西南、华南地区，国外分布于喜马拉雅山脉至中南半岛。

鸦科 Corvidae
中国评估等级：无危（LC）
世界自然保护联盟（IUCN）评估等级：无危（LC）

**93**

# 蓝绿鹊
## *Cissa chinensis*

全长约38 cm。嘴红色，前额至头顶染黄色，宽阔的黑色贯眼纹自嘴基过眼直达后颈；上体蓝绿色，翅栗红色，三级飞羽具白色端斑和黑色次端斑，尾较长，尾端白色；下体草绿色。栖息于常绿阔叶林、灌丛、竹林和次生林中。常成对或结小群活动。以昆虫和蛙、蜥蜴、小鸟等动物性食物为主，兼吃植物果实和种子。繁殖期4—7月，每窝产卵4~6枚。我国分布于西藏、云南和广西，国外分布于喜马拉雅山脉中段至中南半岛、苏门答腊岛、加里曼丹岛东北部。

鸦科 Corvidae
中国保护等级：II级
中国濒危等级：近危（NT）
世界自然保护联盟（IUCN）评估等级：无危（LC）

# 灰树鹊
*Dendrocitta formosae*

　　全长约38 cm。额至眼先及颏和喉部黑色，颊和耳羽黑褐色，头顶至枕灰蓝色，后颈和颈侧灰褐色；背和肩羽棕褐色，翅黑色，具白色翅斑，中央尾羽大部分呈蓝灰色，端部和其他尾羽黑色，尾下覆羽棕色；胸至腹部褐灰色。栖息于山区常绿阔叶林、针阔混交林和次生林中。成对或结小群活动。杂食性，主要以昆虫、鸟卵、雏鸟、蜥蜴以及植物果实、种子等为食。繁殖期3—7月，每窝产卵3～5枚。我国分布于长江中下游流域及其以南地区，国外分布于喜马拉雅山脉至中南半岛北半部。

鸦科 Corvidae
中国评估等级：无危（LC）
世界自然保护联盟（IUCN）评估等级：无危（LC）

**95**

## 黑额树鹊
*Dendrocitta frontalis*

全长约38 cm。前额、脸、喉至上胸黑色，枕部白色，后颈和颈侧、下胸至上腹灰色；背、肩和尾上覆羽栗褐色，翅和尾黑色，翅上具灰色翅斑；下腹至尾下覆羽棕色。栖息于山地常绿阔叶林中，多单独或成对在森林中的高大乔木、林间空地和林缘地带活动。主要以昆虫和植物的果实、种子等为食。繁殖期为4—6月，每窝产卵3～5枚。我国分布于西藏和云南，国外分布于不丹、印度东北部、缅甸北部和越南北部。

鸦科 Corvidae
中国评估等级：无危（LC）
世界自然保护联盟（IUCN）评估等级：无危（LC）

## 喜鹊
*Pica pica*

　　全长约45 cm。上体黑色，两肩具大型白斑，翅和尾闪蓝绿色金属光泽，尾长而呈楔形；颏、喉、胸和尾下覆羽黑色，腹部白色。栖息于平原或山区林缘及居民点附近的耕地、树林和高大乔木上。多成对或结小群活动。杂食性，食物主要为昆虫和植物种子、谷物等。我国各地均有分布，国外分布于欧亚大陆大部分地区。

鸦科 Corvidae
中国评估等级：无危（LC）
世界自然保护联盟（IUCN）评估等级：无危（LC）

# 南星鸦
*Nucifraga hemispila*

　　全长约33 cm，全身大致呈暗褐色。头部黑褐色，眼先、头侧和颈侧具白色斑纹；肩、背和胸、腹部具白色点斑，翅和尾羽黑色，除中央尾羽外，其余尾羽端部白色，尾下覆羽白色。栖息于海拔较高的山地森林和稀树灌丛中。繁殖期多单独或成对活动，有时也成小群。杂食性，主要以杂草种子和昆虫为食。繁殖期4—5月，在高大树木上营巢，每窝产卵2～5枚。我国分布于辽宁、山西、河北、河南、陕西、湖北、四川、西藏、重庆、贵州、云南和台湾，国外分布于巴基斯坦、印度、尼泊尔、不丹、缅甸。

鸦科 Corvidae
中国评估等级：无危（LC）
世界自然保护联盟（IUCN）评估等级：无危（LC）

## 红嘴山鸦
*Pyrrhocorax pyrrhocorax*

全长约45 cm，全身黑色，闪蓝绿色金属光泽。嘴橙红色，细长且下弯。栖息于高海拔地区的山地裸岩地带、稀树草地、草甸和灌丛中。常结群飞翔于山谷间，或在村寨附近活动觅食，主要以昆虫、杂草种子和农作物为食。繁殖期3—7月，在石洞或山崖裂缝中筑巢，每窝产卵3~5枚。我国分布于长江流域以北和青藏高原的大部分地区，国外分布于欧亚大陆大部分地区。

鸦科 Corvidae
中国评估等级：无危（LC）
世界自然保护联盟（IUCN）评估等级：无危（LC）

## 达乌里寒鸦
*Corvus dauuricus*

　　全长约32 cm。后颈、颈侧和上背以及胸和腹部灰白色，耳羽具白色细纹；其余体羽均为黑色并具金属光泽。栖息于山区、平坝和河谷森林以及高山草甸、灌丛地带，也常在稀疏树林及田间活动。越冬期间可结成数十只至上百只的大群，有时也和其他鸦类混群。杂食性，食物包括昆虫、蜥蜴、鼠类、鸟卵、幼鸟以及植物种子、浆果、谷物等。繁殖期4—6月，通常在崖洞或树洞中筑巢，每窝产卵3~6枚。我国分布于除海南外的地区，国外分布于蒙古国、俄罗斯东南部、朝鲜、韩国、日本。

鸦科 Corvidae
中国评估等级：无危（LC）
世界自然保护联盟（IUCN）评估等级：无危（LC）

# 家鸦
*Corvus splendens*

　　全长约42 cm。额至头顶、眼先及颏、喉部黑色，枕至后颈和颈侧乌灰色；上体余部黑色并闪蓝紫色金属光泽；下体乌黑色。栖息于热带和南亚热带地区村镇附近的树林、草地、农田或城市公园和建筑物上。喜结群活动。杂食性，以植物种子、浆果、谷物以及昆虫、蜥蜴、蛙、幼鸟和鸟卵等为食，也拣食人类遗弃物中的食品。繁殖期4—6月，在乔木、灌丛或建筑物上营巢，每窝产卵3～6枚。我国分布于西藏、云南，国外分布于南亚次大陆、中南半岛西北部，已引种至世界多地。

鸦科 Corvidae
中国评估等级：无危（LC）
世界自然保护联盟（IUCN）评估等级：无危（LC）

# 白颈鸦
*Corvus pectoralis*

全长约53 cm。嘴粗厚；除后颈、上背、颈侧及前胸为白色并形成领环外，身体余部均为黑色，上体和喉、胸具紫蓝色金属光泽。栖息于低山、平原以及耕地、村庄附近。多单个、成对或结小群活动，有时与其他鸦类混群，性机警。食性较杂，主要以植物种子和少量昆虫为食。繁殖期3—6月，每窝产卵2～6枚。我国分布于华北、华东、华中、华南、西南地区，国外分布于越南北部。

鸦科 Corvidae
中国评估等级：近危（NT）
世界自然保护联盟（IUCN）评估等级：易危（VU）

## 大嘴乌鸦
*Corvus macrorhynchos*

全长约50 cm。嘴形粗大，额弓高而突出，后颈羽毛松软，羽干不明显；全身羽毛纯黑，上体闪蓝绿色金属光泽，下体略有光泽，腹部羽色较暗。栖息于平原、丘陵和山区的多种生境中，常活动于人类居住环境周边。性机警，喜结群，常与其他鸦类混群。杂食性，以昆虫、蛙类和腐物以及植物种子、农作物等为食，偶尔也取食鼠类、雏鸟和鸟卵。繁殖期3—6月，在高大乔木树冠上营巢，每窝产卵2～5枚。我国分布于除西北以外的大部分地区，国外分布于东亚、南亚、东南亚。

鸦科 Corvidae
中国评估等级：无危（LC）
世界自然保护联盟（IUCN）评估等级：无危（LC）

# 黄腹扇尾鹟
*Chelidorhynx hypoxanthus*

　　全长约12 cm，上嘴黑色，下嘴黄色。雄鸟前额和眉纹鲜黄色，额基至眼先、眼周和耳羽黑色；头顶至背、肩和尾上覆羽灰橄榄绿色，翅黑褐色，尾羽暗褐色具白色羽干纹，外侧尾羽具白色端斑；下体鲜黄色。雌鸟前额和眉纹多呈灰橄榄绿色。栖息于热带和南亚热带山地森林和竹林中，常单独或成对在林缘灌丛、岩石上活动和觅食。性活跃，跳动时常将尾羽展开成扇形，并左右摆动。主要以昆虫为食。我国分布于西藏、云南和四川，国外分布于喜马拉雅山脉至中南半岛北部。

主要科：Stenostiridae
中国评估等级：无危（LC）
世界自然保护联盟（IUCN）评估等级：无危（LC）

# 方尾鹟
*Culicicapa ceylonensis*

　　全长约13 cm，尾呈方形。额、头顶至后枕灰褐色并具羽冠，头侧、后颈和颈侧以及颏、喉至上胸暗灰色；翅和尾暗褐色具黄绿色羽缘，上体余部黄绿色；下胸、腹至尾下覆羽和两胁黄色。栖息于热带和亚热带常绿阔叶林、针阔混交林中，多结小群在森林的中、下层活动。食物主要为昆虫。我国分布于陕西、甘肃、西藏、云南、四川、重庆、贵州、湖北、湖南、广东、广西，国外分布于南亚次大陆、中南半岛、大巽他群岛。

玉鹟科 Stenostiridae
中国评估等级：无危（LC）
世界自然保护联盟（IUCN）评估等级：无危（LC）

# 火冠雀
*Cephalopyrus flammiceps*

全长约10 cm。雄鸟前额呈火红色，眼周、颏和喉橙黄色，头余部及上体呈橄榄绿色；翅和尾黑褐色，羽缘橄榄绿色；其余下体灰绿色。雌鸟似雄鸟，但额部的红色范围较小，体羽较暗。栖息于高山针叶林或针阔混交林中,也见于坝区和村庄附近,善攀缘于树干或细枝上。成对或结小群活动,有时也与其他小型鸟类混群。主要以昆虫为食,也吃草籽、叶芽等植物性食物。我国分布于陕西、宁夏、甘肃、西藏、云南、四川、贵州，国外分布于巴基斯坦东北部、印度北部和中部、尼泊尔、不丹、孟加拉国北部、老挝东北部、缅甸东部、泰国西北部。

山雀科 Paridae
中国评估等级：无危（LC）
世界自然保护联盟（IUCN）评估等级：无危（LC）

## 黄眉林雀
*Sylviparus modestus*

　　全长约10 cm。头顶褐色，具羽冠，黄色眉纹常被头羽所掩盖，额基、头侧和颈侧及上体余部橄榄绿色；翅和尾褐色，具黄绿色羽缘；下体淡橄榄绿色。栖息于阔叶林、针阔混交林中。常单个或成对活动于树林间，秋冬季结小群或与莺类、雀鹛类等小鸟混群，性活泼，常在枝叶间穿梭跳跃。主要以昆虫及植物种子、草籽等为食。我国分布于西藏、云南、四川、贵州、江西、福建、广西，国外分布于喜马拉雅山脉以及缅甸、老挝、越南、泰国。

山雀科 Paridae
中国评估等级：无危（LC）
世界自然保护联盟（IUCN）评估等级：无危（LC）

**107**

# 黑冠山雀
*Periparus rubidiventris*

全长约12 cm。头、羽冠和眼先呈黑色，头侧和枕部具白斑；背至尾上覆羽暗蓝灰色，翅和尾暗褐色，羽缘灰蓝色；颏、喉至上胸黑色，下胸和腹部淡棕灰色，尾下覆羽淡棕黄色。栖息于高山针叶林、阔叶林、针阔混交林、竹林或杜鹃灌丛等生境中，常成对或结小群活动。主要以昆虫为食，也取食植物的叶、芽等。我国分布于陕西、甘肃、西藏、青海、云南、四川，国外分布于喜马拉雅山脉至中南半岛西北部。

山雀科 Paridae
中国评估等级：无危（LC）
世界自然保护联盟（IUCN）评估等级：无危（LC）

# 煤山雀
*Periparus ater*

　　全长约11 cm。头部黑色，枕部具羽冠，头侧和后颈具白斑；上体深灰色，翅和尾羽黑褐色，羽缘银灰色，翅上具两道白色翅斑；颏、喉及上胸黑色，下体余部淡棕白色。栖息于高山针叶林、阔叶林或杜鹃灌丛中，常单独或结群在高大乔木的树冠上活动，也到灌丛或地上觅食。食物主要为昆虫，也吃少量的植物性食物。我国分布于辽宁、北京、河北、天津、山西、山东、新疆、甘肃、陕西、西藏、四川、云南、安徽、福建和台湾，国外分布于欧亚大陆温带地区及日本群岛。

山雀科 Paridae
中国评估等级：无危（LC）
世界自然保护联盟（IUCN）评估等级：无危（LC）

# 黄腹山雀
*Pardaliparus venustulus*

全长约10 cm。雄鸟头部、喉和上胸黑色，头侧具大型白斑，枕部有一白色染黄的块斑；背和肩羽蓝灰色，翅暗褐色具两道淡黄色翅斑，尾上覆羽和尾羽黑色；下体余部黄色。雌鸟头部、后颈和背灰绿色，枕斑淡黄色；下体淡黄沾绿色。栖息于阔叶林、针叶林、针阔混交林中，常结群在高大的树上活动，也见于灌丛间。食物主要是各种昆虫，也吃少量植物性食物。繁殖期4—6月，在天然树洞中营巢，每窝产卵5～7枚。我国特有鸟类，分布于北京、河北、河南、山西、陕西、内蒙古、甘肃、云南、四川、贵州、重庆、湖北、湖南、安徽、江西、江苏、上海、浙江、福建、广东、香港。

山雀科 Paridae
中国评估等级：无危（LC）
世界自然保护联盟（IUCN）评估等级：无危（LC）

# 褐冠山雀
## *Lophophanes dichrous*

　　全长约12 cm。头部灰褐色，具显著羽冠，前额至眼先和耳羽杂皮黄色，颈侧棕白色，向后颈延伸形成半领环状；背、腰和尾上覆羽灰褐色，翅和尾羽褐色；下体呈淡棕黄色。栖息于海拔较高的山地森林中，常在针叶林、针阔混交林、竹林和杜鹃林中活动。主要以昆虫为食，也取食少量植物性食物。我国分布于陕西、甘肃、青海、西藏、云南、四川，国外分布于喜马拉雅山脉至中南半岛西北部。

山雀科 Paridae
中国评估等级：无危（LC）
世界自然保护联盟（IUCN）评估等级：无危（LC）

# 白眉山雀
*Poecile superciliosus*

　　全长约13 cm。头顶至后颈及颏、喉黑色，前额白色向后延长形成显著的白色眉纹，贯眼纹黑色，颊和耳羽沙棕色；上体灰褐色，翅和尾羽褐色，具淡色羽缘；下体余部沙棕色。栖息于山坡灌丛、河流及树丛中。结小群活动，有时与其他小型鸟混群。主要以昆虫和草籽为食。我国特有鸟类，分布于甘肃、青海、西藏、四川。

山雀科 Paridae
中国保护等级：II级
中国评估等级：近危（NT）
世界自然保护联盟（IUCN）评估等级：无危（LC）

# 大山雀
*Parus major*

　　全长约14 cm。头黑色，有辉蓝色光泽，头侧具大型白斑；上体蓝灰色，上背沾黄绿色，翅上有一道白色翅斑；颏、喉至胸、腹中央和尾下覆羽黑色，形成粗著的黑色纵带，下体余部灰白色。栖息于山区针叶林、阔叶林、针阔混交林、竹林或灌木丛中，也见于果园、庭园的树上。除繁殖季节外，多结小群活动。主要以昆虫为食，兼食草籽等植物性食物。繁殖期3—8月，在树洞、石隙、墙缝间筑巢，每窝产卵6～9枚。我国分布广泛，几乎遍布全境，国外分布于欧亚大陆大部分地区，以及日本群岛、大巽他群岛。

山雀科 Paridae
中国评估等级：无危（LC）
世界自然保护联盟（IUCN）评估等级：无危（LC）

## 绿背山雀
### *Parus monticolus*

全长约13 cm。头部黑色，两侧具大型白斑，后颈也有一小白斑；背和肩羽黄绿色，翅和尾黑褐色，翅上具两道白斑；颏、喉、上胸至腹部中央和尾下覆羽黑色，形成粗著的黑色纵带，胸、腹两侧和胁部黄色。栖息于海拔较高的山地森林中，也出没于居民点附近，成对或结小群在乔木和灌丛间活动。以昆虫和少量植物种子为食。繁殖期4—7月，每窝产卵4~6枚。我国分布于陕西、宁夏、甘肃、西藏、云南、四川、重庆、贵州、湖北、湖南、广西、台湾，国外分布于喜马拉雅山脉、中南半岛局部地区。

山雀科 Paridae
中国评估等级：无危（LC）
世界自然保护联盟（IUCN）评估等级：无危（LC）

# 黄颊山雀
*Machlolophus spilonotus*

    全长约12 cm。雄鸟头顶和羽冠黑色，枕部和头侧鲜黄色，黑色眼后纹与黑色颈环相连；背蓝灰或绿灰色，翅和尾黑色，初级飞羽基部具白斑，翅上覆羽有两条白色翼斑，尾羽端部白色；颏、喉、胸至腹部中央黑色，两胁呈黄绿或蓝灰色。雌鸟羽色较暗，颏、喉和胸污黑色，腹部中央无黑色纵纹；亚成鸟下体黑色较少。栖息于热带和亚热带山地常绿阔叶林、杜鹃林、灌木丛或稀树草坡。常结小群活动。主要以昆虫为食。繁殖期4—5月，每窝产卵3~7枚。我国分布于西藏、云南、四川、贵州、湖南、江西、福建、广东、广西、海南，国外分布于喜马拉雅山脉东段、中南半岛。

山雀科 Paridae
中国评估等级：无危（LC）
世界自然保护联盟（IUCN）评估等级：无危（LC）

## 小云雀
*Alauda gulgula*

　　全长约16 cm。头部褐色，头顶具短型羽冠，眼先和眉纹淡棕白色，颊和耳羽淡棕褐色；上体棕褐色，密布黑褐色纵纹或棕色羽缘；颏、喉淡棕白色，胸部浅棕黄并具黑色纵纹和点斑，腹部和尾下覆羽淡棕白色。栖息于开阔的平原、草地、荒坡和农田，喜在草丛间活动觅食。以杂草种子和昆虫为食。繁殖期4—6月，每窝产卵3~5枚。我国主要分布于中部和南部地区，国外分布于中亚南部至西亚、南亚和东南亚。

百灵科 Alaudidae
中国评估等级：无危（LC）
世界自然保护联盟（IUCN）评估等级：无危（LC）

**116**

# 凤头雀嘴鹎
*Spizixos canifrons*

　　全长约22 cm，嘴粗短，呈象牙色。头顶羽冠、眼先、眼周和额黑色，额和耳羽灰色；上体橄榄绿色，飞羽外缘淡黄色，尾羽具黑色端斑；下体余部黄绿色。栖息于山地阔叶林、针叶林、针阔混交林、次生林以及林间灌丛和疏林地带，有时也在村落附近的树林中活动。喜结群。杂食性，以植物性食物为主，兼食昆虫等动物性食物。我国分布于云南、四川和广西，国外分布于印度东北部、不丹、孟加拉国西部、缅甸、泰国北部、老挝北部、越南西北部。

鹎科 Pycnonotidae
中国评估等级：无危（LC）
世界自然保护联盟（IUCN）评估等级：无危（LC）

**117**

## 领雀嘴鹎
*Spizixos semitorques*

　　全长约23 cm。头黑色，具短羽冠，嘴粗短，淡黄色，下嘴基部有一白斑，颊和耳羽上有白色细纹，后头和颈背灰白色；上体余部橄榄绿色，尾羽具黑色端斑；颏、喉黑色，喉与上胸之间有一白环，下胸及上腹橄榄绿色，下腹及尾下覆羽鲜黄色。栖息于山地森林和稀树灌丛等生境中，有时也到村寨附近活动。喜结群。杂食性，主要以植物果实、种子为食，也吃昆虫。繁殖期5—7月，每窝产卵3～4枚。我国分布于秦岭以南地区，国外分布于越南北部。

鹎科 Pycnonotidae
中国评估等级：无危（LC）
世界自然保护联盟（IUCN）评估等级：无危（LC）

# 黑头鹎
*Brachypodius atriceps*

　　全长约17 cm。头黑色，具蓝色金属光泽；体背面橄榄色，翅和尾羽橄榄褐色，尾羽具黄色端斑和黑色次端斑；胸部橄榄黄色，腹部和尾下覆羽深黄绿色。栖息于热带常绿阔叶林、次生林、灌丛及林缘地带，也见于村寨附近。单独或结小群活动。主要以果实等植物性食物为主，兼食昆虫。我国分布于西藏、云南，国外分布于喜马拉雅山脉东段、中南半岛、大巽他群岛、巴拉望岛。

鹎科 Pycnonotidae
中国评估等级：无危（LC）
世界自然保护联盟（IUCN）评估等级：无危（LC）

## 黑冠黄鹎
*Rubigula flaviventris*

  全长约18 cm。头、颈、额和喉黑色并具蓝色金属光泽，头顶有直立的黑色羽冠；其余上体橄榄黄绿色，飞羽褐色，尾羽暗褐色；下体余部鲜橄榄黄色，胸和两胁色较深。栖息于热带地区的阔叶林、次生林中，也见于林缘疏林、竹林、灌丛及村寨附近的林地。常结小群活动，有时也与其他小鸟混群。杂食性，主要取食植物果实和种子，也捕食昆虫。我国分布于云南、广西，国外分布于喜马拉雅山脉中段至中南半岛。

鹎科 Pycnonotidae
中国评估等级：无危（LC）
世界自然保护联盟（IUCN）评估等级：无危（LC）

# 纵纹绿鹎
*Pycnonotus striatus*

　　全长约23 cm。头顶和羽冠暗橄榄褐色，具白色羽干纹，眼先前方黄色，眼周淡黄色，颊和耳羽暗灰褐色，具污白色纵纹；上体包括两翅表面和尾上覆羽橄榄绿色，枕、上背、肩具白色细纵纹，翅和尾羽暗褐色；颏、喉和腹部中央至尾下覆羽黄色，颈侧、胸和两胁暗灰黑色，满布黄白色纵纹。栖息于山区常绿阔叶林中，常结群在高大乔木上活动。主要以果实、种子等植物性食物为食。我国分布于西藏、云南、广西，国外分布于喜马拉雅山脉东段、中南半岛北部。

鹎科 Pycnonotidae
中国评估等级：无危（LC）
世界自然保护联盟（IUCN）评估等级：无危（LC）

## 红耳鹎
*Pycnonotus jocosus*

　　全长约19 cm。额、头顶黑色，具直立的黑色羽冠，眼先、眼周黑色，眼下后方具显著红色斑块，颊和耳羽白色，黑色颊纹自嘴基延伸至耳羽后侧；后颈至背、尾上覆羽和肩羽棕褐色，翅和尾羽暗褐色，外侧尾羽端部灰白色；下体白色，胸侧黑色，尾下覆羽红色。栖息于常绿阔叶林、次生林的林缘地带以及村寨附近的树林或灌木丛中。常结群活动。主要以植物种子、果实等为食，也吃昆虫。繁殖期3—8月，每窝产卵3~4枚。我国分布于西藏、云南、贵州、广西、海南、广东、香港、澳门，国外分布于南亚次大陆东半部、中南半岛，已引种至澳大利亚等地。

鹎科 Pycnonotidae
中国评估等级：无危（LC）
世界自然保护联盟（IUCN）评估等级：无危（LC）

# 黄臀鹎
*Pycnonotus xanthorrhous*

　　全长约19 cm。头黑色，头顶羽冠较短，嘴角具红色点斑，耳羽浅棕褐色；上体深褐色，翅和尾羽黑褐色，颈侧至上胸两侧暗褐色，如环带交会于胸前；颏、喉纯白色，腹部灰白色，两胁浅褐色，尾下覆羽深黄色。栖息于山区混交林、阔叶林、次生林的林缘地带，也见于稀树灌丛、草丛、竹丛以及村寨附近、城镇园林中。常结群活动。以昆虫、植物果实和种子为食。繁殖期4—7月，在树上营巢，每窝产卵2～4枚。我国分布于秦岭以南广大地区，国外分布于中南半岛北部。

鹎科 Pycnonotidae
中国评估等级：无危（LC）
世界自然保护联盟（IUCN）评估等级：无危（LC）

# 白头鹎
*Pycnonotus sinensis*

全长约18 cm。头部至后颈黑色，两眼上方至枕部白色，耳羽后部有一白斑；体背面暗灰绿色，翅和尾黑褐色具绿黄色羽缘；颏、喉部白色，胸和两胁灰褐色，腹部以下白色。栖息于林缘地带及村寨附近的灌木丛中。喜结群活动。主要以多种昆虫和植物果实、种子为食。繁殖期3—8月，每窝产卵4~5枚。我国主要分布于四川、贵州、云南、江苏、浙江、福建、广西、广东、香港、海南和台湾，国外分布于越南北部。

鹎科 Pycnonotidae
中国评估等级：无危（LC）
世界自然保护联盟（IUCN）评估等级：无危（LC）

## 黑喉红臀鹎
*Pycnonotus cafer*

　　全长约20 cm。头、颏、喉黑色，耳羽棕白色，有羽冠；后颈、背、肩和胸部暗褐或黑褐色而羽缘灰色且具鳞状斑，翅和尾暗褐色，尾具白色端斑；腹部白色，尾下覆羽红色。栖息于阔叶林、竹林及村寨附近的树林中。多结小群在林缘、竹丛或灌木丛中活动。以果实、种子等植物性食物为食，也吃昆虫。繁殖期4—7月，每窝产卵2～4枚，雌雄亲鸟共同育雏。我国主要分布于云南、西藏，国外分布于南亚次大陆、中南半岛西北部。

鹎科 Pycnonotidae
中国评估等级：无危（LC）
世界自然保护联盟（IUCN）评估等级：无危（LC）

**125**

## 白喉红臀鹎
*Pycnonotus aurigaster*

　　全长约20 cm。头和上喉黑色，羽冠不明显，耳羽灰白色；后颈、背和肩羽灰褐色，翅和尾暗褐色，尾上覆羽和尾羽端部白色；下喉至胸部近白色，腹部白色，尾下覆羽红色。栖息于开阔地带的阔叶林、次生林、灌丛及村落附近的树林中。多结群活动。杂食性，主要取食果实、种子等植物性食物，也吃昆虫。我国分布于云南、四川、贵州、湖南、江西、福建、广东、香港、澳门、广西，国外分布于中南半岛、大巽他群岛。

鹎科 Pycnonotidae
中国评估等级：无危（LC）
世界自然保护联盟（IUCN）评估等级：无危（LC）

## 黄绿鹎
*Pycnonotus flavescens*

　　全长约20 cm。额、头顶暗褐色，羽缘灰色，羽冠较短，颊、耳羽、颏、喉部灰褐色，眼先黑色，从嘴基至眼有一淡黄色斑；上体橄榄绿色，翅和尾暗褐色；胸黄褐色，具灰色纵纹，腹部淡黄色，尾下覆羽鲜黄色。栖息于山地阔叶林、灌丛、稀树草丛中。常结小群活动。杂食性，以果实、种子等植物性食物为主，也吃昆虫。我国分布于云南、广西，国外分布于南亚次大陆东北部、中南半岛北部和中部。

鹎科 Pycnonotidae
中国评估等级：近危（NT）
世界自然保护联盟（IUCN）评估等级：无危（LC）

**127**

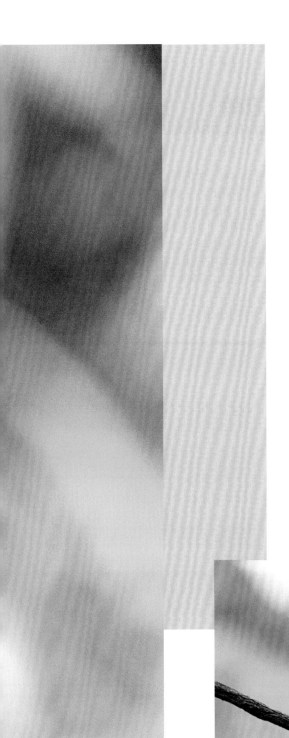

# 黄腹冠鹎
*Alophoixus flaveolus*

　　全长约22 cm。头橄榄褐色，具显著羽冠，前额、眼先、颊和耳羽灰白色；上体余部橄榄黄色，翅暗褐色，尾羽暗棕褐色；颏和喉白色，下体鲜黄色。栖息于山区阔叶林、沟谷林或季雨林中。多结小群在林下灌木丛中活动。主要以植物果实和种子为食，也吃昆虫。我国分布于西藏、云南，国外分布于喜马拉雅山脉东段、中南半岛西北部。

鹎科 Pycnonotidae
中国评估等级：无危（LC）
世界自然保护联盟（IUCN）评估等级：无危（LC）

**129**

# 白喉冠鹎
*Alophoixus pallidus*

　　全长约23 cm。头顶褐色，具长而尖的羽冠，眼先、颊及耳羽灰褐色；上体橄榄褐色，翅暗褐色，尾羽棕褐色；颏、喉部白色，尾下覆羽淡黄色，其余下体橄榄黄色。栖息于较开阔的热带雨林、次生林、稀疏树丛中。结小群活动。食物主要为植物果实、种子和昆虫。我国分布于云南、贵州、广西、海南，国外分布于缅甸、老挝、柬埔寨、泰国、越南。

鹎科 Pycnonotidae
中国评估等级：无危（LC）
世界自然保护联盟（IUCN）评估等级：无危（LC）

## 灰眼短脚鹎
*Iole propinqua*

　　全长约19 cm。额和头顶暗棕褐色，羽冠不明显；体背面橄榄绿色，尾上覆羽和尾羽棕褐色，两翅暗褐色；颏和喉灰白色，胸、腹和两胁橄榄绿黄色，尾下覆羽淡橘黄色。栖息于热带地区开阔的常绿阔叶林、次生林、稀树草坡和灌丛中。多结群活动。杂食性，以植物果实和种子为食，也吃昆虫等动物性食物。我国分布于云南、广西，国外分布于中南半岛。

鹎科 Pycnonotidae
中国评估等级：无危（LC）
世界自然保护联盟（IUCN）评估等级：无危（LC）

# 绿翅短脚鹎
## *Ixos mcclellandii*

　　全长约23 cm。前额至后枕栗褐色，头顶羽冠明显，羽片具白色轴纹，眼先、眼周和颊灰色，耳羽棕褐色，颈侧红褐色；背和肩灰色，翅和尾橄榄绿色；颏和喉灰色，具白色羽干纹，胸和胁灰棕色，具不明显的白色纵纹，腹淡棕白色，尾下覆羽棕黄色。栖息于山地阔叶林、混交林、次生林、灌丛等生境中，也见于村寨附近的竹林、杂木林中。喜结小群活动。杂食性，多采食植物种子和果实，也捕食昆虫。繁殖期4—7月，每窝产卵3～4枚。我国分布于长江流域以南地区，国外分布于喜马拉雅山脉至中南半岛。

鹎科 Pycnonotidae
中国红色等级：无危（LC）
世界自然保护联盟（IUCN）评估等级：无危（LC）

**132**

## 灰短脚鹎
*Hemixos flavala*

　　全长约20 cm。头顶和羽冠黑褐色，眼先和颊黑色，耳羽褐色；后颈至背和肩羽灰褐色，翅和尾羽暗褐色，翅覆羽和内侧飞羽羽缘橄榄黄色，形成显著翅斑；颏、喉和尾下覆羽白色，下体余部灰白色。栖息于常绿阔叶林、针叶林、针阔混交林和次生林内，常在林缘、灌丛或竹林中活动，也见于村寨附近的树丛中。喜结群。杂食性，以果实、种子等为食，也吃昆虫。繁殖期4—6月，每窝产卵3～4枚。我国分布于西藏、云南和广西，国外分布于喜马拉雅山脉至中南半岛。

鹎科 Pycnonotidae
中国评估等级：无危（LC）
世界自然保护联盟（IUCN）评估等级：无危（LC）

# 栗背短脚鹎
*Hemixos castanonotus*

　　全长约21 cm。头顶黑色，羽冠短而不显，眼周、颊和耳羽至颈侧棕栗色；后颈至背、尾上覆羽和肩羽栗红色，翅和尾暗褐色，羽缘灰白色；颏和喉白色，胸和两胁沾灰色，下体余部灰白。栖息于海拔较低的山区阔叶林、混交林、次生林及林缘灌丛中。喜结小群活动。以植物果实、种子和昆虫为食。繁殖期4—6月，每窝产卵3～5枚。我国分布于云南、贵州、湖南、江西、浙江、福建、广东、香港、澳门、广西、海南，国外分布于越南北部。

鹎科 Pycnonotidae
中国评估等级：无危（LC）
世界自然保护联盟（IUCN）评估等级：无危（LC）

## 黑短脚鹎
*Hypsipetes leucocephalus*

全长约20 cm，嘴和脚红色。羽色因亚种不同而有差异，主要有两种类型：一种通体均呈黑色并具金属光泽；另一种头、颈、喉及胸部白色，其余体羽黑色。栖息于阔叶林、针叶林和针阔混交林及其林缘地带，也见于村寨附近的次生林和灌丛中。繁殖期成对活动，非繁殖期常结成大群。杂食性，主要取食果实、种子、草籽和昆虫。繁殖期4—7月，每窝产卵3～4枚。我国分布于西藏、云南、陕西、四川、湖北、安徽、浙江、湖南、广西、海南、广东和台湾，国外分布于喜马拉雅山脉至中南半岛。

鹎科 Pycnonotidae
中国评估等级：无危（LC）
世界自然保护联盟（IUCN）评估等级：无危（LC）

**135**

## 褐喉沙燕
### *Riparia chinensis*

　　全长约12 cm。嘴短而宽扁，头顶暗褐色；上体灰褐色，翅和尾羽黑褐色；颏、喉至胸浅褐灰色，腹至尾下覆羽近白色。栖息于开阔的河谷地带，常结群在水面或沼泽地上空飞翔。捕食昆虫。我国分布于云南、广西、台湾，国外分布于南亚次大陆北半部、中南半岛、菲律宾群岛。

燕科 Hirundinidae
中国评估等级：无危（LC）
世界自然保护联盟（IUCN）评估等级：无危（LC）

## 家燕
*Hirundo rustica*

　　全长约20 cm。前额暗栗红色，头顶至体背及翅和尾羽表面辉蓝黑色；颏、喉至上胸栗红色，下胸具蓝黑色横带，腹至尾下覆羽白色，尾呈深叉状。栖息于从平原至低山的村落及城区内，常见站立在电线、树枝和建筑物上，或飞行于田间和居民点上空。以蝇、蚊等各种昆虫为食。繁殖期4—7月，多在居民住宅建筑物的梁上或房檐等处筑巢，每窝产卵4~5枚。我国各地均有分布，几乎遍及两极以外的世界各地。

燕科 Hirundinidae
中国评估等级：无危（LC）
世界自然保护联盟（IUCN）评估等级：无危（LC）

**137**

## 线尾燕
*Hirundo smithii*

　　全长约21 cm。雄鸟前额、头顶和后枕栗红色，眼先、眼周和耳羽黑色；上体蓝紫色并具金属光泽，翅和尾黑褐色，尾呈叉状，外侧尾羽极细长；下体近白色，胸侧具黑斑。雌鸟似雄鸟，但外侧尾羽较短。栖息于开阔河谷、林地和村镇附近，常成对或结小群在江河、鱼塘上空飞翔，或停于电线和树枝上。食物主要是昆虫。我国分布于云南，国外分布于非洲中部以及南亚次大陆、中南半岛中部。

燕科 Hirundinidae
中国评估等级：数据缺乏（DD）
世界自然保护联盟（IUCN）评估等级：无危（LC）

## 烟腹毛脚燕
*Delichon dasypus*

全长约13 cm。上体黑色闪蓝黑色金属光泽，颊白色；翅和尾羽黑褐色；下体白色染烟灰色。栖息于山谷地带，常结群在江河或溪流上空飞翔。主要以昆虫为食。我国除新疆、内蒙古和海南外均有记录，国外分布于南亚北部、东南亚、东亚。

燕科 Hirundinidae
中国评估等级：无危（LC）
世界自然保护联盟（IUCN）评估等级：无危（LC）

# 斑腰燕
*Cecropis striolata*

  全长约13 cm。前额、头顶至后枕亮黑色，眼后上方至头侧栗红色，颊和耳羽具黑色羽干纹；上体蓝黑色并具金属光泽，腰羽栗红色，翅和尾羽黑褐色，尾下覆羽端部黑色，尾呈叉状，形成燕尾；下体白色，具黑色纵纹。栖息于山区和坝区边缘地带，常停落在村寨附近的田野、河岸的树枝和电线上。主要以昆虫为食。我国分布于云南、广西、台湾，国外分布于印度、孟加拉国、缅甸、泰国、菲律宾。

燕科 Hirundinidae
中国时代等级：无危（LC）
世界自然保护联盟（IUCN）评估等级：无危（LC）

## 鳞胸鹪鹛
*Pnoepyga albiventer*

　　全长约10 cm，翅短圆，尾短而不显。上体暗棕褐色，具棕黄色点斑；额和喉部皮黄或白色，胸、腹部黑褐色，羽缘皮黄或白色，形成鳞状斑花纹。栖息于南亚热带山地湿性常绿阔叶林，性隐蔽，常单独或成对在林下灌丛或地面活动。主要以昆虫为食。繁殖期5—7月，在土埂或石缝间筑巢，每窝产卵2～5枚。我国分布于西藏、云南、四川，国外分布于喜马拉雅山脉中段、中南半岛北部。

鳞胸鹪鹛科 Pnoepygidae
中国评估等级：无危（LC）
世界自然保护联盟（IUCN）评估等级：无危（LC）

## 小鳞胸鹪鹛
*Pnoepyga pusilla*

　　全长约9 cm，尾极短而不外露，翅短圆。上体暗棕褐色，前额、头顶、后颈至上背羽缘黑褐色，具鳞状斑、下背、尾下覆羽及肩羽具皮黄色点斑；喉白色，下体暗褐色，羽缘灰白或棕黄色，具鳞状斑。栖息于热带和南亚热带山地常绿阔叶林，单个或成对在浓密的林下灌丛、地面活动。食物主要为昆虫。繁殖期2—6月，每窝产卵2～6枚。我国分布于秦岭以南广大地区，国外分布于喜马拉雅山脉、中南半岛、苏门答腊岛、爪哇岛。

鳞胸鹪鹛科 Pnoepygidae
中国评估等级：无危（LC）
世界自然保护联盟（IUCN）评估等级：无危（LC）

# 黄腹鹟莺
*Abroscopus superciliaris*

　　全长约11 cm。前额、头顶至后枕灰色，眉纹白色，贯眼纹深灰色，颊和耳羽灰色；背、肩、尾上覆羽和翅表面橄榄绿色，尾羽棕褐色；颏、喉至上胸白色，下体余部亮黄色。栖息于常绿阔叶林、次生林和竹林中，喜在林下和林缘地带的灌草丛中活动。主要以昆虫为食。我国分布于西藏、云南、广西，国外分布于喜马拉雅山脉东段、中南半岛、大巽他群岛。

纹鹟莺科 Scotocercidae
中国评估等级：无危（LC）
世界自然保护联盟（IUCN）评估等级：无危（LC）

## 黑脸鹟莺
*Abroscopus schisticeps*

　　全长约10 cm。头顶至后颈灰色，具显著的亮黄色眉纹，额基、眼先和眼周及颊部黑色，耳羽灰色；上体包括翅和尾羽表面橄榄绿色；颏和喉鲜黄色，上胸和颈侧灰色，形成环带，下胸和腹部白色，尾下覆羽黄色。栖息于山地阔叶林、竹林和林缘灌丛中。常结小群或与其他莺类混群活动，觅食昆虫等小型无脊椎动物。繁殖期5—6月，营巢于天然树洞中，每窝产卵4~5枚。我国分布于西藏、云南、四川，国外分布于喜马拉雅山脉中段至中南半岛北部。

纹翅莺科 Scotocercidae
中国评估等级：无危（LC）
世界自然保护联盟（IUCN）评估等级：无危（LC）

# 栗头织叶莺
*Phyllergates cucullatus*

　　全长约12 cm。前额至头顶亮栗色，眉纹黄色，贯眼纹黑灰色，颊、耳羽、后颈和颈侧灰色；背至尾上覆羽和肩羽橄榄绿色，翅和尾羽黑褐色；颏、喉至上胸灰白色，下体余部鲜黄色。栖息于热带、亚热带山地常绿阔叶林、竹林和林缘灌丛中。除繁殖期外多结小群活动，常在花朵和枝叶间穿梭跳跃，觅食昆虫。在缝合的叶片中营巢，每年繁殖2窝，每窝产卵3～4枚。我国分布于云南、湖南、广东、广西、海南，国外分布于南亚次大陆东北部、中南半岛、马来群岛。

牧鹛莺科 Scotocercidae
中国评估等级：无危（LC）
世界自然保护联盟（IUCN）评估等级：无危（LC）

**145**

## 强脚树莺
*Horornis fortipes*

全长约12 cm。上体橄榄褐色，眉纹淡皮黄色，贯眼纹暗褐色，颊、耳羽和颈侧黄褐色；翅和尾暗褐色，胸侧、两胁和尾下腹羽黄褐色；颏、喉、胸及腹部中央灰白色。栖息于亚热带常绿阔叶林的林下灌丛和林缘，也出没于农耕地及村舍旁的竹丛或灌丛中。常单独活动。主要以昆虫为食，兼食果实、种子和草籽。繁殖期5—8月，每窝产卵3～5枚。我国分布于秦岭以南广大地区，国外分布于喜马拉雅山脉至中南半岛北部。

纹鹩莺科 Scotocercidae
中国评估等级：无危（LC）
世界自然保护联盟（IUCN）评估等级：无危（LC）

# 异色树莺
*Horornis flavolivaceus*

全长约13 cm。上体呈橄榄褐色或橄榄绿色，眉纹细长呈棕白色，贯眼纹黑褐色；颏和喉部黄白色，腹部中央棕白或黄白色，下体余部棕褐色。栖息于常绿阔叶林的林缘地带，常在林间和稠密的灌木丛中活动。主要以昆虫为食。繁殖期5—7月，每窝产卵3～4枚。我国分布于山西、陕西、西藏、云南、四川，国外分布于喜马拉雅山脉东段、中南半岛北部、大巽他群岛、巴拉望岛。

纹鹛莺科 Scotocercidae
中国评估等级：无危（LC）
世界自然保护联盟（IUCN）评估等级：无危（LC）

# 灰腹地莺
*Tesia cyaniventer*

　　全长约9 cm，尾短而不显露，脚长。头顶及身体背面包括两翅和中央尾羽表面均呈暗橄榄绿色，具淡黄色眉纹和黑色贯眼纹，头侧、颈侧及下体灰色，腹部中央灰白色。栖息于南亚热带山地湿性常绿阔叶林中，单个或成对在林下阴湿处或灌草丛下的地面活动。主要觅食昆虫。繁殖期4—6月，每窝产卵3～4枚。我国分布于西藏、云南、贵州、湖南和广西，国外分布于喜马拉雅山脉东段、中南半岛北部和东南部。

纹鹟莺科 Scotocercidae
中国评估等级：无危（LC）
世界自然保护联盟（IUCN）评估等级：无危（LC）

## 金冠地莺
### *Tesia olivea*

　　全长约9 cm，尾短而不显露，脚长。头顶至后颈亮金黄色，眼后具黑纹，头侧和颈侧灰色；上体橄榄绿色，翅和尾黑褐色；下体灰色，下腹中央色稍浅淡，尾下覆羽灰绿色。栖息于南亚热带山地森林中，常单个或成对在林中沟谷和林下阴湿处灌草丛间的地面活动。主要以昆虫为食，也吃少量植物果实、种子和草籽。我国分布于西藏、云南、四川、贵州、广西，国外分布于喜马拉雅山脉东段、中南半岛北部。

纹鹛莺科 Scotocercidae
中国评估等级：无危（LC）
世界自然保护联盟（IUCN）评估等级：无危（LC）

# 棕顶树莺
*Cettia brunnifrons*

全长约11 cm。前额、头顶至后枕栗棕色,眉纹淡皮黄色,贯眼纹黑褐色,耳羽、颈侧灰褐色;背和翅棕褐色,尾上覆羽和尾羽淡红褐色;颏、喉、胸和腹部中央灰白色,两肋和尾下覆羽灰棕色。栖息于海拔2500~4300 m的高山暗针叶林林下、林缘、灌丛及低矮竹林中,冬季可下到海拔1500 m以下。常单独或成对活动,性活泼。主要取食昆虫。繁殖期5—6月,每窝产卵3~5枚。我国分布于西藏东南部、云南西部和西北部、四川,国外分布于喜马拉雅山脉至中南半岛东北部。

纹胸莺科 Scotocercidae
中国鸟类等级:无危(LC)
世界自然保护联盟(IUCN)评估等级:无危(LC)

# 栗头树莺
*Cettia castaneocoronata*

全长约10 cm，翅短圆，尾短，脚长。头顶和头侧亮栗色，眼后具白斑；后颈至背、尾上覆羽和肩羽暗橄榄绿色；颏和喉亮黄色，胸、腹和两胁橄榄绿色。栖息于山地森林、竹林和灌丛中，常见单独在阴湿地带的林下灌丛、草丛间的地面或生满苔藓的乱石堆中活动觅食，性隐蔽。食物主要为昆虫，也吃一些植物性食物。我国分布于西藏、云南、四川、贵州、广西，国外分布于喜马拉雅山脉中段至中南半岛北部。

纹鹟莺科 Scotocercidae
中国评估等级：无危（LC）
世界自然保护联盟（IUCN）评估等级：无危（LC）

# 红头长尾山雀
*Aegithalos concinnus*

　　全长约10 cm。头顶栗色，宽阔的黑色贯眼纹从眼先直达枕侧；上体蓝灰色，翅和尾黑褐色；颏、喉和颈侧白色，喉部中央黑色，胸带、两胁和尾下覆羽栗红色，下体余部白色。栖息于针叶林、阔叶林、竹林和灌丛中。常结群活动，有时也与其他小鸟混群，性活泼。取食昆虫、软体动物以及植物种子和浆果。繁殖期2—6月，每窝产卵5～8枚。我国分布于秦岭以南广大地区，国外分布于中南半岛北部。

长尾山雀科 Aegithalidae
中国评估等级：无危（LC）
世界自然保护联盟（IUCN）评估等级：无危（LC）

## 黑眉长尾山雀
*Aegithalos bonvaloti*

　　全长约11 cm。前额至后枕具明显的由白转淡棕色的中央冠纹，眉纹黑色，从前额、眼先伸达后颈两侧，眼下、颊部和耳羽前部黑色，耳羽后部棕色；上背和肩羽棕褐色，下背至尾上覆羽灰棕色，翅暗褐色，尾羽黑褐色，羽缘蓝灰色；颏和喉灰黑色，胸带和两胁棕褐色，下体余部淡棕白色。栖息于高山针叶林、针阔叶混交林、竹林及灌丛中，喜结群活动。食物主要为昆虫。繁殖期4—6月，每窝产卵4～5枚。我国分布于西藏、云南、四川、贵州，国外分布于缅甸东北部和印度东北部。

长尾山雀科 Aegithalidae
中国评估等级：无危（LC）
世界自然保护联盟（IUCN）评估等级：无危（LC）

# 橙斑翅柳莺
*Phylloscopus pulcher*

　　全长约11 cm。上体橄榄绿色，额、头顶至后颈暗褐色，头顶中央具不明显的冠纹，眉纹淡黄绿色，贯眼纹暗褐色；翅和尾羽暗褐色，翅上具两道橙黄色翅斑，腰橄榄绿色；下体淡黄绿色。栖息于山地森林和林缘灌丛中。繁殖季节单独或成对活动，冬季结小群，性活泼，行动敏捷。主要以昆虫为食，也吃草籽等食物。繁殖期5—7月，每窝产卵3~4枚。我国分布于陕西、甘肃、西藏、青海、云南、四川，国外分布于喜马拉雅山脉至中南半岛西北部。

柳莺科 Phylloscopidae
中国评估等级：无危（LC）
世界自然保护联盟（IUCN）评估等级：无危（LC）

# 灰喉柳莺
*Phylloscopus maculipennis*

　　全长约9 cm。头顶至后颈暗橄榄褐色，具淡黄白色眉纹和暗褐色贯眼纹，顶冠纹不明显；背和肩羽橄榄绿色，腰羽鲜黄色，尾上覆羽橄榄绿色，翅和尾黑褐色，翅上有两道黄色翅斑；颏、喉和上胸灰色，下体余部黄绿色。栖息于山地森林、竹林和灌丛地带。常单独或成对活动。以昆虫等无脊椎动物为食。我国分布于西藏、云南、四川，国外分布于喜马拉雅山脉、中南半岛北部。

柳莺科 Phylloscopidae
中国评估等级：无危（LC）
世界自然保护联盟（IUCN）评估等级：无危（LC）

# 黄眉柳莺
*Phylloscopus inornatus*

　　全长约11 cm。上体橄榄褐色，具淡棕色眉纹和暗褐色贯眼纹；翅和尾暗褐色，翅上有两道淡黄色翅斑；下体灰白染淡黄色。栖息于山地森林和林缘灌木、草丛中。单独、成对或结小群活动，常活跃于树木枝叶间。食物主要为昆虫。我国分布于陕西、甘肃、新疆、青海、云南、四川、重庆、贵州、湖北、湖南、安徽、江西、江苏、上海、浙江、福建、广东、广西，国外分布于缅甸东部、泰国北部、越南北部、老挝北部。

柳莺科 Phylloscopidae
中国评估等级：无危（LC）
世界自然保护联盟（IUCN）评估等级：无危（LC）

## 淡黄腰柳莺
*Phylloscopus chloronotus*

　　全长约10 cm。上体暗橄榄绿色，中央冠纹和眉纹淡黄色，贯眼纹橄榄褐色；翅和尾黑褐色，翅上具两道淡黄色翅斑，腰羽淡黄色；下体污灰白色，胸和两胁染淡黄绿色。栖息于森林及林缘灌丛地带。常单独或成对活动，有时也成小群或与其他柳莺混群。食物主要为昆虫。我国分布于西藏和云南，国外分布于喜马拉雅山脉至中南半岛西北部。

柳莺科 Phylloscopidae
中国评估等级：无危（LC）
世界自然保护联盟（IUCN）评估等级：无危（LC）

# 黄腰柳莺
## *Phylloscopus proregulus*

　　全长约10 cm。前额、头顶至后颈橄榄褐色，顶冠纹和眉纹黄白色，贯眼纹橄榄褐色；体背面橄榄绿色，翅和尾暗褐色，翅上具两道黄绿色翅斑，腰黄色；体腹面近白色。栖息于阔叶林、针阔混交林和林缘灌丛。多见单独或成对活动，也与其他柳莺混群，性活泼，在枝叶间和灌丛中穿梭跳跃，觅食昆虫及幼虫，有时也吃一些草籽。繁殖期5—7月，每窝产卵3～6枚。我国在东北繁殖，在南方地区越冬，国外繁殖于东北亚，冬季迁徙至东南亚北部越冬。

柳莺科 Phylloscopidae
中国评估等级：无危（LC）
世界自然保护联盟（IUCN）评估等级：无危（LC）

**158**

# 棕眉柳莺
*Phylloscopus armandii*

　　全长约12 cm。上体橄榄褐色，具棕黄色眉纹和暗褐色贯眼纹，颊和耳羽棕褐色；翅和尾羽暗褐色；胸和体侧沾棕褐色，下体棕白色具黄色细纹，尾下覆羽皮黄色。栖息于山地森林，尤以针阔混交林和阔叶林的林缘灌丛、稀树灌丛、草地较常见。除繁殖季节外多结小群活动。主要以昆虫为食，也吃少量植物性食物。我国分布于辽宁、吉林、北京、天津、河北、山西、陕西、内蒙古、宁夏、甘肃、西藏、青海、云南、四川、重庆、贵州、湖北、湖南、广西，国外分布于中南半岛北部。

柳莺科 Phylloscopidae
中国评估等级：无危（LC）
世界自然保护联盟（IUCN）评估等级：无危（LC）

# 棕腹柳莺
*Phylloscopus subaffinis*

　　全长约11 cm。上体橄榄褐色，具淡棕色眉纹和暗褐色贯眼纹；翅和尾暗褐色，翅上无翅斑；下体棕黄色，颏、喉和腹部中央色较浅淡。栖息于山地森林和林缘灌木、草丛中。单独、成对或结小群活动，常活跃于树木枝叶间。食物主要为昆虫。我国分布于陕西、甘肃、新疆、青海、云南、四川、重庆、贵州、湖北、湖南、安徽、江西、江苏、上海、浙江、福建、广东、广西，国外分布于缅甸东部、泰国北部、越南北部、老挝北部。

柳莺科 Phylloscopidae
中国评估等级：无危（LC）
世界自然保护联盟（IUCN）评估等级：无危（LC）

## 灰脸鹟莺
### *Phylloscopus poliogenys*

全长约10 cm。头顶和头侧灰色，头顶至后枕具灰白色顶纹，眼先灰白色，眼眶白色；背、肩和尾上覆羽橄榄绿色，翅和尾黑褐色，翅上具一道淡黄色翅斑；颏和喉灰白色，下体亮黄色。栖息于山地森林中，多见单个在林下灌丛、竹丛枝叶间活动。以昆虫等小型无脊椎动物为食。我国分布于西藏、云南、广西，国外分布于喜马拉雅山脉东段、中南半岛北部和东部。

柳莺科 Phylloscopidae
中国评估等级：无危（LC）
世界自然保护联盟（IUCN）评估等级：无危（LC）

**161**

## 灰冠鹟莺
*Phylloscopus tephrocephalus*

　　全长约13 cm。头顶灰色，具乌黑色侧冠纹，头侧橄榄绿色，眼眶金黄色；背、肩和尾上覆羽暗橄榄绿色，翅和尾黑褐色，翅上有一道不明显的黄绿色翅斑，外侧尾羽内翈白色；下体鲜黄色。栖息于山地阔叶林和林缘的灌丛地带，也见于竹林和农耕区附近的丛林中。食物主要为昆虫。我国分布于陕西、甘肃、云南、四川、贵州、湖北、湖南、广东，国外分布于中南半岛北部。

柳莺科 Phylloscopidae
中国评估等级：无危（LC）
世界自然保护联盟（IUCN）评估等级：无危（LC）

## 比氏鹟莺
*Phylloscopus valentini*

　　全长约12 cm。头顶暗灰色，侧冠纹灰黑色，眼先、颊和耳羽橄榄绿色，眼眶金黄色；背至尾上覆羽和肩羽亮橄榄绿色，翅和尾暗褐色，翅上有一道不甚明显的黄色翅斑，外侧尾羽白色；下体鲜黄色。栖息于温带森林中茂密的林缘灌丛地带。主要以昆虫为食。我国分布于陕西、甘肃、四川、云南、湖北、江西、福建、广东，国外分布于东南亚北部。

柳莺科 Phylloscopinae
中国评估等级：无危（LC）
世界自然保护联盟（IUCN）评估等级：无危（LC）

## 暗绿柳莺
*Phylloscopus trochiloides*

　　全长约11 cm。上体暗橄榄绿色，具黄白色眉纹和暗褐色贯眼纹，耳羽和颊灰褐色；翅和尾黑褐色，翅上具两道淡黄色翅斑，前翅斑不明显；下体污白沾黄色，胸和两胁沾灰色。栖息于阔叶林、针叶林、竹林及林缘疏林和灌丛中，多成对或结小群在树冠上活动觅食。食物主要为昆虫。我国分布于新疆、甘肃、陕西、青海、西藏、云南、四川、海南，国外分布于欧洲中部至中亚、南亚、东南亚中部。

柳莺科 Phylloscopidae
中国评估等级：无危（LC）
世界自然保护联盟（IUCN）评估等级：无危（LC）

**164**

# 栗头鹟莺
*Phylloscopus castaniceps*

全长约10 cm。前额、头顶至后枕棕栗色，侧冠纹黑色，枕侧具白纹，眼先灰白，眼眶白色；脸颊、颈侧、后颈、上背和肩羽灰色，下背橄榄绿色，腰和尾上覆羽黄色，翅和尾黑褐色，翅上有两道淡黄色翅斑；下体灰色，腹部中央灰白色，胁部、腿覆羽和尾下覆羽黄色。栖息于山区常绿阔叶林中。常结小群在林下灌丛或竹丛的枝叶间活动、以昆虫为食。我国分布于南方地区，含西藏东南部，国外分布于喜马拉雅山脉中段至中南半岛、苏门答腊岛。

柳莺科 Phylloscopidae
中国评估等级：无危（LC）
世界自然保护联盟（IUCN）评估等级：无危（LC）

# 黑眉柳莺
*Phylloscopus ricketti*

　　全长约10 cm。上体橄榄绿色,头顶具黄绿色中央冠纹,侧冠纹和贯眼纹黑色,眉纹黄绿色;翅和尾暗褐色,翅上有两道黄色翅斑;下体鲜黄色,两胁沾绿色。栖息于山地阔叶林和次生林中,常在林缘灌丛或小乔木的树冠上部活动觅食。繁殖期单独或成对活动,也与其他鸟类混群。以昆虫等动物性食物为食。我国分布于秦岭以南广大地区,国外分布于泰国、老挝、柬埔寨、越南。

柳莺科 Phylloscopidae
中国评估等级: 无危(LC)
世界自然保护联盟(IUCN)评估等级: 无危(LC)

**167**

## 西南冠纹柳莺
*Phylloscopus reguloides*

　　全长约11 cm。前额、头顶至后颈暗绿褐色，顶冠纹和眉纹黄色，贯眼纹暗褐色，颊和耳羽淡绿色；体背面暗橄榄绿色，翅覆羽和飞羽暗褐色，翅上大、中覆羽的羽端黄白色，形成两道明显翅斑，尾羽暗褐色；体腹面浅灰白色，略染淡黄色。栖息于山地森林和林缘灌丛地带，多结小群活动于树冠层或林下灌丛及小树丛中。食物主要为昆虫。我国分布于西藏、云南、四川，国外分布于喜马拉雅山脉至中南半岛。

柳莺科 Phylloscopidae
中国评估等级：无危（LC）
世界自然保护联盟（IUCN）评估等级：无危（LC）

## 冠纹柳莺
*Phylloscopus claudiae*

　　全长约11 cm。上体橄榄绿色，头顶较暗，顶冠纹灰沾黄色，眉纹淡黄色，贯眼纹暗褐色，颊和耳羽淡黄褐色；翅和尾黑褐色，羽缘与背同色，翅上具两道淡黄色翅斑；下体灰白色。栖息于山地针叶林、针阔混交林、常绿阔叶林和林缘灌丛地带，常见成小群在树冠的枝叶丛或灌草丛中活动。主要以昆虫为食。我国分布于北京、河北、山西、陕西、甘肃、四川、西藏、云南、贵州、湖北，国外分布于南亚次大陆东北部和中南半岛北部。

柳莺科 Phylloscopidae
中国评估等级：无危（LC）
世界自然保护联盟（IUCN）评估等级：无危（LC）

**169**

## 云南白斑尾柳莺
*Phylloscopus intensior*

　　全长约11 cm。上体橄榄绿色，头顶具绿黄色冠纹，眉纹淡黄色，贯眼纹暗褐色；翅和尾暗褐色，翅上具两道淡黄色翼斑，外侧尾羽具白斑；下体白色沾黄，尾下覆羽淡黄色。栖息于山地阔叶林和混交林中。常结小群在树冠层和灌丛中活动。杂食性，以昆虫、果实和草籽等为食。我国分布于云南，国外分布于缅甸、泰国、老挝、越南和柬埔寨。

柳莺科 Phylloscopidae
中国评估等级：无危（LC）
世界自然保护联盟（IUCN）评估等级：无危（LC）

# 灰头柳莺
*Phylloscopus xanthoschistos*

　　全长约11 cm。头、颈灰色，中央冠纹灰白色，眉纹白色，贯眼纹黑褐色，眼圈白色；体背面橄榄黄绿色，翅和尾褐色，翅上具两道不明显的黄色翅斑；体腹面黄色。栖息于山地针叶林、阔叶林、针阔混交林内，多在树冠层或林下灌丛中活动和觅食。单独、成对或结小群活动，有时与其他柳莺及小鸟混群。食物主要为昆虫等无脊椎动物。我国分布于西藏，国外分布于喜马拉雅山脉至中南半岛西北部。

柳莺科 Phylloscopidae
中国评估等级：无危（LC）
世界自然保护联盟（IUCN）评估等级：无危（LC）

## 东方大苇莺
*Acrocephalus orientalis*

　　全长约19 cm。上体橄榄褐色，眉纹皮黄色，贯眼纹黑褐色；颏、喉部白色，胸、腹至尾下覆羽皮黄色，胸侧及两胁黄褐色。栖息于湖泊、河流、沼泽地等水域的芦苇丛中。食物主要为昆虫。繁殖期5—7月，每窝产卵3～6枚。我国分布于除西藏以外的地区，国外繁殖于东北亚，冬季迁徙至南亚东北部、东南亚越冬。

苇莺科 Acrocephalidae
中国评估等级：无危（LC）
世界自然保护联盟（IUCN）评估等级：无危（LC）

## 沼泽大尾莺
*Megalurus palustris*

　　全长约26 cm。眼先和耳羽灰色，眉纹、颊白色；上体暗黄色，具黑褐色纵纹，尤以背、肩和翅上覆羽较粗著；颏和喉白色，胸和腹部淡棕白色，上胸部具黑色细纹，两胁和尾下覆羽淡黄褐色。雌鸟体形略小。栖息于热带、亚热带地区的开阔河谷和平原地带，多见单只停于河流、湖泊和农田附近的芦苇、灌木或树枝上。主要以昆虫为食。我国分布于西藏、云南、贵州、广西，国外分布于南亚和东南亚局部地区。

蝗莺科 Locustellidae
中国评估等级：无危（LC）
世界自然保护联盟（IUCN）评估等级：无危（LC）

**173**

# 山地山鹪莺
*Prinia superciliaris*

　　全长约16 cm。上体橄榄褐色，眉纹白色，眼先黑色，颊和耳羽灰黑褐色；翅和尾羽棕褐色，尾羽修长；下体淡棕白色，喉至胸具黑色细纵纹，两胁和尾下覆羽黄褐色。栖息于开阔的河谷、平原森林、林缘灌丛、农田和村落附近的树丛中。多单个或成对活动，主要以昆虫等无脊椎动物为食。繁殖期为5—7月，每窝产卵3～5枚。我国分布于云南、四川、贵州、湖南、江西、福建、广东、广西，国外分布于中南半岛、苏门答腊岛。

扇尾莺科 Cisticolidae
中国评估等级：无危（LC）
世界自然保护联盟（IUCN）评估等级：无危（LC）

**174**

# 灰胸山鹪莺
*Prinia hodgsonii*

　　全长约12 cm。夏季上体灰褐色，两翅褐色，外缘淡棕色，尾略长，呈凸形，下体白色，具明显的灰色胸带；冬季体羽偏棕色，具浅色眉纹，下体污白色，灰色胸带不明显。栖息于低山丘陵地带的林缘或林下植被、灌丛及草地。食物主要为昆虫。我国分布于西藏、云南、四川，国外分布于南亚次大陆和中南半岛。

扇尾莺科 Cisticolidae
中国评估等级：无危（LC）
世界自然保护联盟（IUCN）评估等级：无危（LC）

# 黄腹山鹪莺
*Prinia flaviventris*

　　全长约13 cm。前额至头顶灰褐色，具淡棕白色短眉纹，颊、耳羽灰白色；上体余部橄榄褐色，尾羽棕褐色，具不明显的暗褐色横纹；颏、喉至上胸乳白色，下胸和腹部黄色，两胁和尾下覆羽浅皮黄色。栖息于热带、亚热带地区的林缘和灌草丛中。常见单个或成对活动，以昆虫为食。我国分布于云南，国外分布于喜马拉雅山脉至中南半岛、大巽他群岛。

扇尾莺科 Cisticolidae
中国评估等级：无危（LC）
世界自然保护联盟（IUCN）评估等级：无危（LC）

## 纯色山鹪莺
*Prinia inornata*

全长约15 cm。夏季上体暗灰褐色，眼先、眼周及眉纹棕白色，尾羽较长，具白色端斑和黑褐色次端斑；颏、喉和胸白色，胸以下浅棕色。冬季上体暗棕褐色，尾羽上的黑褐色次端斑不甚明显，下体淡棕褐色。栖息于热带和亚热带山地或平原的稀树灌丛及农田、村舍附近的灌草丛中。除繁殖期外多结小群活动。以昆虫、蜘蛛等小动物为食。繁殖期为4—6月，每窝产卵4~6枚。我国分布于西南、华中、华东和华南地区，国外分布于南亚次大陆、中南半岛、爪哇岛。

扇尾莺科 Cisticolidae
中国评估等级：无危（LC）
世界自然保护联盟（IUCN）评估等级：无危（LC）

**177**

## 长尾缝叶莺
*Orthotomus sutorius*

　　全长约12 cm。前额棕红，头顶至枕棕褐色，眼先和眉纹淡棕白色，颊和耳羽皮黄并杂有灰黑色细纹；体背面橄榄绿色，翅及尾羽暗褐色，雄鸟的一对中央尾羽在繁殖期特别延长；体腹面棕白色，两胁略显灰褐色。栖息于热带和亚热带稀疏林、次生林、竹林和农耕地边的树木灌丛中，性活泼，常在枝叶或灌草丛中活动，也到地上觅食。食物主要为昆虫等小型无脊椎动物，也吃少量植物果实和种子。繁殖期5—8月，巢以树叶缝合成杯状，每窝产卵3～5枚，雌雄亲鸟共同育雏。我国分布于西藏、云南、贵州、湖南、江西、福建、广东、香港、澳门、广西、海南，国外分布于南亚次大陆、中南半岛、爪哇岛。

扇尾莺科 Cisticolidae
中国评估等级：无危（LC）
世界自然保护联盟（IUCN）评估等级：无危（LC）

## 长嘴钩嘴鹛
*Erythrogenys hypoleucos*

全长约27 cm，嘴形粗壮，长而下弯。头顶沾灰色，耳羽褐色，耳后至颈侧具栗红色块斑；上体橄榄褐色，翅和尾羽暗棕褐色；下体淡棕色，颏、喉至胸和腹部中央近白色，胸侧和两胁褐灰并具白色条纹。栖息于热带雨林中的竹丛及林下灌丛。单独或成对活动，以昆虫为食。繁殖期为11月至次年5月，每窝产卵2～5枚。我国分布于云南、广西、海南，国外分布于南亚次大陆东北部、中南半岛。

林鹛科 Timaliidae
中国评估等级：无危（LC）
世界自然保护联盟（IUCN）评估等级：无危（LC）

## 斑胸钩嘴鹛
### *Erythrogenys gravivox*

　　全长约24 cm，嘴长而下弯。额基、颊和耳羽锈红色，眼先棕白色，颚纹黑色；体背面灰橄榄色；颈侧、胸侧、两胁和尾下覆羽锈红色，颏、喉及下体中央白色，胸部具显著的黑色纵纹。栖息于热带和亚热带常绿阔叶林林下的灌丛、草丛或林缘低矮树丛间。常单独或结小群活动。主要以昆虫和植物果实、杂草种子等为食。繁殖期3—6月，于地面或灌丛中筑巢，每窝产卵2～6枚。我国分布于河南、山西、陕西、甘肃、西藏、云南、四川、重庆、贵州、湖北，国外分布于缅甸东部、老挝北部、越南北部。

# 棕颈钩嘴鹛
*Pomatorhinus ruficollis*

　　全长约18 cm，嘴细长而下弯。具显著的白色眉纹和黑色贯眼纹；后颈和颈侧棕红色，上体余部橄榄褐色；颏、喉白色，胸部具橄榄褐色与白色相间的纵纹，其余下体橄榄褐色。栖息于热带和亚热带地区的常绿阔叶林、次生林、竹林和林缘灌丛等生境中，也见于果园和村寨、农田附近的树木灌丛间。常结小群活动。杂食性，主要以昆虫为食，也吃植物果实和种子。繁殖期3—5月，在地面或低矮的灌丛中营巢，每窝产卵2～6枚。我国分布于秦岭以南广大地区，国外分布于南亚次大陆北部、中南半岛北部。

林鹛科 Timaliidae
中国评估等级：无危（LC）
世界自然保护联盟（IUCN）评估等级：无危（LC）

## 棕头钩嘴鹛
*Pomatorhinus ochraceiceps*

　　全长约23 cm，嘴红色，细长而下弯。具白色眉纹和黑色贯眼纹；头顶至体背包括翅和尾羽表面棕黄色；下体白色，两胁和尾下覆羽橄榄黄褐色。栖息于山地湿性常绿阔叶林、竹林和林缘疏林灌丛中。常单独或结小群在林下灌木草丛中活动觅食，主要以昆虫为食。繁殖期4—7月，在灌丛下的地面筑巢，每窝产卵3～5枚。我国分布于云南，国外分布于中南半岛。

林鹛科 Timaliidae
中国评估等级：无危（LC）
世界自然保护联盟（IUCN）评估等级：无危（LC）

# 红嘴钩嘴鹛
*Pomatorhinus ferruginosus*

　　体长24 cm。似棕头钩嘴鹛，但嘴略粗短，白色眉纹粗且弯曲，上具有黑色条带，胸腹部羽色较深。栖息于山地常绿阔叶林、竹林和次生林。取食昆虫幼虫和植物果实，常成对或结小群活动。我国分布于西藏东南部，国外分布于尼泊尔、不丹、印度东北部。

林鹛科　Timaliidae
中国评估等级：数据缺乏（DD）
世界自然保护联盟（IUCN）评估等级：无危（LC）

# 棕冠钩嘴鹛
*Pomatorhinus phayrei*

　　全长约23 cm，嘴红色并下弯。头顶黑色或棕褐色，具长的白色眉纹和宽阔的黑色贯眼纹；上体、翅和尾棕褐色；颏、喉白色，胸以下皮黄色。栖息于热带和南亚热带茂密的森林、灌丛和矮竹丛间。常单独或成对活动。杂食性，以昆虫和植物的果实、种子为食。繁殖期3—8月，在地面或灌丛、竹丛中筑巢，每窝产卵3~5枚。我国分布于云南，国外分布于印度东北部、缅甸、老挝、越南、泰国。

科属：Timaliidae
中国评估等级：数据缺乏（DD）
世界自然保护联盟（IUCN）濒危等级：无危（LC）

# 细嘴钩嘴鹛
*Pomatorhinus superciliaris*

　　全长约22 cm，嘴特长并向下弯曲。前额、头顶至后枕和头侧灰黑色，白色眉纹自眼先伸达后枕两侧；体背面棕褐色，翅和尾羽黑褐色；颏、喉白色而杂以黑灰色纵纹，下体余部棕黄褐色。栖息于山地湿性常绿阔叶林、竹林、次生林中，常单个或成对在林下灌木和草丛间活动觅食。以昆虫为食，也吃浆果和花蜜等。繁殖期4—7月，通常在地面或近地面处营巢，每窝产卵3~4枚。我国分布于西藏、云南，国外分布于喜马拉雅山脉东段、中南半岛北部。

林鹛科 Timaliidae
中国评估等级：近危（NT）
世界自然保护联盟（IUCN）评估等级：无危（LC）

# 楔嘴穗鹛
## *Stachyris roberti*

    全长约18 cm，嘴基粗壮，嘴端尖锐，呈楔状。通体褐色，眉纹银灰白色，颊部和耳羽灰褐色；头顶和背羽羽端灰白色，羽缘黑色，翅和尾羽具黑褐色横纹；胸和腹部羽片黑褐色，具白色"V"形鳞纹。栖息于南亚热带山地湿性常绿阔叶林、竹林中。常结小群在林下灌丛、草丛中活动。食物主要为昆虫。我国分布于西藏东南部、云南西部，国外分布于印度东北部、缅甸北部。

林鹛科 Timaliidae
中国评估等级：近危（NT）
世界自然保护联盟（IUCN）评估等级：近危（NT）

# 弄岗穗鹛
*Stachyris nonggangensis*

全长约18 cm。体羽大部为深褐色，耳羽后具新月形白斑；翅和尾棕色；喉及前胸有白色斑纹和黑色斑点。栖息于亚热带喀斯特季节性雨林中，除繁殖季节成对外，其余时间喜结小群在林下岩石、灌丛、树枝上活动，善跳跃，不善飞翔。多在地上觅食小型节肢动物。繁殖季节在4—6月，巢筑在高大岩石或悬崖上石洞中，繁殖成功率较低。我国分布于广西西南部，国外分布于越南北部。

林鹛科 Timaliidae
中国保护等级：Ⅱ级
中国评估等级：濒危（EN）
世界自然保护联盟（IUCN）评估等级：易危（VU）

# 黑头穗鹛
*Stachyris nigriceps*

　　全长约13 cm。额、头顶至枕部黑褐色具白色纵纹，眉纹黑色，下有一条白色线纹，颚纹灰白色；体背及翅和尾羽表面橄榄褐或棕褐色；上喉灰白色、下喉黑色，下体余部棕黄或皮黄色。栖息于热带和南亚热带常绿阔叶林中。常结小群或与其他鸟类混群活动于林下灌丛中，以昆虫为食。繁殖期2—8月，每窝产卵2~5枚。我国分布于西藏、云南、广西，国外分布于喜马拉雅山脉东段、中南半岛、大巽他群岛。

体鹛科（Timaliidae）
中国鸟类保护级别：三有（TC）
世界自然保护联盟（IUCN）评估等级：无危（LC）

# 红头穗鹛
*Cyanoderma ruficeps*

　　全长约12.5 cm。头顶棕红色，喉部具有黑色细纹；上体包括翅和尾羽表面橄榄褐色；下体灰黄色。栖息于亚热带低山丘陵和平原的阔叶林中。喜单独或结小群在林缘灌丛、草丛中活动。以昆虫等无脊椎动物和植物果实、种子为食。繁殖期4—7月，每窝产卵3～5枚。我国分布于河南、陕西、西藏、云南、四川、重庆、贵州、湖北、湖南、安徽、江西、浙江、福建、广东、广西、海南、台湾，国外分布于喜马拉雅山脉东段、中南半岛北部和东部。

林鹛科 Timaliidae
中国评估等级：无危（LC）
世界自然保护联盟（IUCN）评估等级：无危（LC）

# 金头穗鹛
*Cyanoderma chrysaeum*

　　全长约11 cm。额、头顶和枕部亮金黄色，并具黑色细纵纹，眼先和颚纹黑色；背、肩和尾上覆羽及翅和尾羽表面橄榄黄绿色；下体亮黄色，两胁和尾下覆羽色较暗。栖息于热带和南亚热带山地森林、竹林和灌丛中。常结小群或与其他小型鸟类混群活动。食物主要为昆虫等小型无脊椎动物。繁殖期1—7月，每窝产卵3～4枚。我国分布于西藏、云南和广西，国外分布于喜马拉雅山脉东段、中南半岛、苏门答腊岛。

林鹛科 Timaliidae
中国评估等级：无危（LC）
世界自然保护联盟（IUCN）评估等级：无危（LC）

# 纹胸鹛
*Mixornis gularis*

　　全长约12 cm。额至头顶棕红色，眉纹黄色，眼先黑色；上体橄榄褐色，翅和尾羽表面棕褐色；下体黄色，喉至上胸具黑色细纵纹，胁和尾下覆羽黄绿色。栖息于热带和南亚热带地区的开阔河谷地带，常在林缘灌丛、草丛、竹林等生境中活动觅食。食物主要为昆虫。我国分布于云南、广西，国外分布于南亚次大陆东部、中南半岛、苏门答腊岛、巴拉望岛。

林鹛科 Timaliidae
中国评估等级：无危（LC）
世界自然保护联盟（IUCN）评估等级：无危（LC）

**191**

# 红顶鹛
*Timalia pileata*

　　全长约17 cm。前额至后枕栗红色，眉纹白色，眼先黑色，耳羽和颈侧灰色；体背面橄榄褐色，翅和尾羽棕褐色；颏、喉至胸部白色并具黑色细纵纹，腹部、两胁及尾下覆羽黄褐色。栖息于热带和南亚热带开阔河谷、平原及低山丘陵地带，常结小群在开阔的耕地边缘、高草丛、湿地苇丛中活动。以昆虫为食。繁殖期4—9月，每窝产卵2～5枚。我国分布于西藏、云南、贵州、广东、广西，国外分布于喜马拉雅山脉中段至中南半岛、爪哇岛。

画眉科 Timaliidae
中国评估等级：无危（LC）
世界自然保护联盟（IUCN）评估等级：无危（LC）

**192**

## 黄喉雀鹛
*Schoeniparus cinereus*

　　全长约10 cm。头浅黄色，具黑色侧冠纹和贯眼纹，眉纹淡黄色；上体橄榄灰色，翅和尾羽褐色；下体淡黄色。栖息于常绿阔叶林中的林下灌丛、竹丛或溪流附近。觅食昆虫，也吃植物种子等。我国分布于西藏、云南，国外分布于印度东北部、缅甸北部、老挝、越南。

幽鹛科 Pellorneidae
中国评估等级：无危（LC）
世界自然保护联盟（IUCN）评估等级：无危（LC）

## 栗头雀鹛
*Schoeniparus castaneceps*

全长约10 cm。头顶栗褐色，有白色和皮黄色纵纹，眉纹白色，贯眼纹和颚纹黑色，颊和耳羽白色；体背面橄榄色沾茶黄色，翅和尾暗褐色，翅的外缘大都为棕栗色；体腹面近白色，体侧赭棕色。栖息于常绿阔叶林林下。常结群或与其他小鸟混群活动。主要以昆虫为食，也吃少量植物性食物。我国分布于西藏、云南、广西，国外分布于喜马拉雅山脉中段至中南半岛。

居留型：留鸟（Resident）
中国保护级别：无危（LC）
世界自然保护联盟（IUCN）评估等级：无危（LC）

## 褐胁雀鹛
*Schoeniparus dubius*

　　全长约14 cm。头顶棕褐色，具黑色侧冠纹，眉纹白色，眼先黑色，颊和耳羽暗褐色；体背橄榄褐色，翅和尾表面棕褐色；颏、喉白色，胸、腹、两胁和尾下覆羽橄榄褐色。栖息于山地常绿阔叶林、针阔混交林和次生林中，也见于稀树灌丛、草坡、林缘耕地灌丛等生境中。常结小群活动。食物以昆虫为主，也吃果实、草籽等植物性食物。我国分布于西藏、云南、四川、重庆、贵州、湖南、广西，国外分布于喜马拉雅山脉东段、中南半岛北部。

幽鹛科 Pellomeidae
中国评估等级：无危（LC）
世界自然保护联盟（IUCN）评估等级：无危（LC）

**195**

# 灰岩鷦鶥
*Turdinus crispifrons*

　　全长约19 cm。头顶至上背灰褐色，具白色和黑褐色鳞状斑纹，眉纹、颊和耳羽灰褐色，下背至尾上覆羽、翅和尾羽表面棕褐色；颏、喉白色，具黑色纵纹，胸、腹部灰褐色而具近白色羽干纹，两胁、下腹和尾下覆羽棕褐色。栖息于热带石灰岩地区的森林，成对或集小群在林下岩石上活动。以昆虫、陆生螺类和植物种子为食。繁殖期4—5月，在岩石缝隙间筑巢，每窝产卵5枚。我国分布于云南南部，国外分布于缅甸、泰国、老挝、越南。

幽鹛科 Pellorneidae
中国评估等级：无危（LC）
世界自然保护联盟（IUCN）评估等级：无危（LC）

## 短尾鹪鹛
*Turdinus brevicaudatus*

　　全长约15 cm。头顶至上背和肩羽黄褐色，具淡棕白色羽干纹和黑褐色羽缘，呈鳞斑状，头侧灰褐色，羽缘黑褐色，下背至尾上覆羽暗棕褐色，翅和尾棕褐色，翅上具白色点斑；额、喉淡灰白色，具暗褐色纵纹，胸、腹部棕黄色，两胁和尾下覆羽暗棕褐色。栖息于热带和南亚热带多岩石地区的常绿阔叶林，多成对或集小群在林下阴湿处长有苔藓和蕨类的石头或倒木上活动，性隐蔽。食物主要为昆虫、螺类。我国分布于云南、贵州、广西，国外分布于南亚次大陆东北部和中南半岛。

幽鹛科 Pellorneidae
中国评估等级：无危（LC）
世界自然保护联盟（IUCN）评估等级：无危（LC）

**197**

## 白头鵙鹛
### *Gampsorhynchus rufulus*

全长约24 cm。头部、颈部及颏、喉至上胸纯白色；背至尾上覆羽和肩羽棕褐色，翅上具明显白斑，尾长而凸，尾羽黄褐色，尾端色浅淡；下体余部淡棕白色。栖息于热带和南亚热带常绿阔叶林、竹林和灌木丛林地带。多结小群活动。主要以昆虫为食。繁殖期5—7月，每窝产卵3~4枚。我国分布于西藏、云南，国外分布于尼泊尔、不丹、印度、孟加拉国和缅甸。

幽鹛科 Pellorneidae
中国评估等级：无危（LC）
世界自然保护联盟（IUCN）评估等级：无危（LC）

**198**

## 白腹幽鹛
*Pellorneum albiventre*

　　全长约14 cm，尾短而圆。眼先、眼周和颊部灰色，耳羽棕褐色；上体暗棕褐色；颏、喉白色而具黑褐色矢状纹，胸、两胁和尾下覆羽黄褐色，上胸具暗褐色纵纹，腹部中央近白色。栖息于热带湿性常绿阔叶林中，多单个或成对在林下和林缘灌丛、草丛、竹林中活动觅食。食物主要为昆虫。繁殖期4—7月，每窝产卵2～3枚。我国分布于西藏、云南、广西，国外分布于印度东北部、不丹、缅甸、泰国、老挝、越南。

幽鹛科 Pellorneidae
中国评估等级：无危（LC）
世界自然保护联盟（IUCN）评估等级：无危（LC）

**199**

# 棕头幽鹛
*Pellorneum ruficeps*

　　全长约17 cm。前额、头顶至后枕棕红色，眼先和眉纹淡棕白色，耳羽淡棕褐色；上体棕褐色；下体近白色，胸和两胁及尾下覆羽具黑褐色纵纹。栖息于热带和南亚热带常绿阔叶林和竹林中，多见单个或成对在林下灌丛中活动。主要以昆虫为食。繁殖期1—8月，每窝产卵2～5枚。我国分布于西藏、云南，国外分布于南亚次大陆、中南半岛。

幽鹛科 Pellorneidae
中国评估等级：无危（LC）
世界自然保护联盟（IUCN）评估等级：无危（LC）

## 褐脸雀鹛
*Alcippe poioicephala*

　　全长约16 cm。头顶褐灰色，具黑色侧冠纹，头侧和颈侧淡棕黄色；背和翅上覆羽橄榄褐色。翅和尾表面棕褐色；下体皮黄色。栖息于常绿阔叶林、林下灌丛、竹丛中。喜结小群活动。主要以昆虫等动物性食物为食。我国分布于云南南部，国外分布于孟加拉国、印度、缅甸、泰国、老挝、越南。

噪鹛科 Leiothrichidae
中国评估等级：无危（LC）
世界自然保护联盟（IUCN）评估等级：无危（LC）

## 云南雀鹛
*Alcippe fratercula*

　　全长约14 cm。头和颈灰色，有暗色侧冠纹，眼圈灰白色；翅和尾表面橄榄褐色；额和喉茶黄色，胸、腹、体侧和尾下覆羽橄榄黄褐色，腹部中央色浅淡。栖息于中低海拔森林的中上层，也见于农田居民区附近。除繁殖期外多结群或与其他小鸟混群活动。以昆虫和植物果实、种子、草籽等为食。我国分布于云南、四川，国外分布于缅甸、老挝、泰国。

噪鹛科 Leiothrichidae
中国评估等级：无危（LC）
世界自然保护联盟（IUCN）评估等级：无危（LC）

# 白眶雀鹛
*Alcippe nipalensis*

全长约13.5 cm。头顶、头侧和颈背灰褐色，具深色侧冠纹，白色眼圈显著；体背及翅和尾羽表面棕褐色；下体灰白色，腹侧和尾下覆羽皮黄色。栖息于热带或亚热带常绿阔叶林、稀树灌丛、竹丛中，常结小群或与其他小鸟混群活动于林下灌丛和矮树间。食物主要为昆虫。我国分布于西藏、云南，国外分布于喜马拉雅山脉东段、中南半岛西北部。

噪鹛科 Leiothrichidae
中国评估等级：无危（LC）
世界自然保护联盟（IUCN）评估等级：无危（LC）

**203**

## 条纹噪鹛
*Grammatoptila striata*

全长约34 cm，通体栗褐色。头顶具长形羽冠，眉纹黑色，从眼上伸达枕侧；体背、头侧及颏、喉至胸、腹和两胁满布白色细条纹，胸和上腹部的白色条纹较显著。栖息于亚热带常绿阔叶林的林下和林缘灌木丛林间。除繁殖季节外多结小群活动。杂食性，以昆虫和植物果实等为食。繁殖期4—7月，在灌丛或树木中营巢，每窝产卵2～3枚。我国分布于西藏、云南，国外分布于喜马拉雅山脉中段至中南半岛西北部。

噪鹛科 Leiothrichidae
中国评估等级：无危（LC）
世界自然保护联盟（IUCN）评估等级：无危（LC）

## 纯色噪鹛
*Trochalopteron subunicolor*

　　全长约25 cm，体羽大多为橄榄黄褐色，羽缘黑色具鳞状斑纹。头顶和头侧暗灰色，眼先和眼圈黑灰色；翅上具显著的黄褐色翅斑，初级飞羽外侧羽缘灰色，中央尾羽暗黄褐色，外侧尾羽黑色，羽端白色；胸和腹部浅皮黄色。栖息于常绿阔叶林的林缘地带和竹林中，多见在林下稀树灌丛、竹丛间活动。喜结小群。以植物种子、果实和昆虫为食。繁殖期6—7月，在灌木或树丛中筑巢，每窝产卵3~4枚。我国分布于西藏、云南，国外分布于喜马拉雅山脉东段、中南半岛北端。

噪鹛科 Leiothrichidae
中国评估等级：无危（LC）
世界自然保护联盟（IUCN）评估等级：无危（LC）

## 蓝翅噪鹛
*Trochalopteron squamatum*

　　全长约24 cm，全身大部呈棕黄褐色，密布黑色鳞状斑。眼白色，眉纹黑色；翅上覆羽栗红色，飞羽黑褐色，初级飞羽外缘亮蓝灰色，尾黑色，具栗红色端斑，尾上和尾下覆羽棕红褐色。栖息于热带和南亚热带常绿阔叶林、次生林等生境中，多单个或成小群在林下灌木或近溪流边的阴湿处活动觅食。杂食性，主要取食植物果实和昆虫。繁殖期4—7月，巢筑于灌丛或藤条缠绕的密集处，每窝产卵2~4枚。我国分布于西藏、云南，国外分布于喜马拉雅山脉东段、中南半岛北端。

噪鹛科 Leiothrichidae
中国评估等级：无危（LC）
世界自然保护联盟（IUCN）评估等级：无危（LC）

# 黑顶噪鹛
*Trochalopteron affine*

全长约26 cm。前额、头顶至后枕黑褐色，后颈暗红褐色，眼先、眉纹及耳羽黑色，眼后具白斑，耳后和颈侧白色，嘴角具明显的白色髭纹；上背、肩羽和翅上覆羽暗橄榄褐色，羽缘灰色而具鳞状斑纹，尾上覆羽棕红色，飞羽和尾羽基部黄绿色而端部蓝灰色；颏、喉黑褐色，下体余部棕褐色，胸部羽缘灰色，斑纹呈鳞状。栖息于高山针叶林、针阔混交林、竹林和杜鹃灌丛等生境，常在林下茂密的灌丛、竹丛以及林缘灌木草丛中活动觅食。除繁殖期外多结小群活动。杂食性，主要以昆虫和植物果实、种子为食。繁殖期5—6月，每窝产卵2～3枚。我国分布于甘肃、西藏、云南、四川，国外分布于喜马拉雅山脉东段、中南半岛北端。

噪鹛科 Leiothrichidae
中国评估等级：无危（LC）
世界自然保护联盟（IUCN）评估等级：无危（LC）

## 橙翅噪鹛
*Trochalopteron elliotii*

全长约26 cm，体羽大致呈灰褐色。眼先、眼周黑褐色；上背及胸具白色和褐色的细小点斑，翅上有显著的橙黄色翅斑，尾羽羽缘橙黄色，尾端白色，尾下覆羽栗红色。栖息于山地阔叶林、针叶林、针阔混交林、草坡、灌丛及竹林中，也见于林缘和居民点附近。多成对或结小群活动。杂食性，以杂草种子、果实、嫩叶及昆虫等为食。中国特有鸟类，分布于陕西、宁夏、甘肃、青海、内蒙古、西藏、云南、四川、贵州、湖北。

噪鹛科 Leiothrichidae
中国保护等级：Ⅱ级
中国评估等级：无危（LC）
世界自然保护联盟（IUCN）评估等级：无危（LC）

# 灰腹噪鹛
*Trochalopteron henrici*

　　全长约26 cm，体羽主要呈灰褐色。眼先、颊和耳羽褐色，形成宽阔的栗褐色眼罩，眉纹和下颊纹白色；翅和尾羽表面蓝灰色，羽缘灰白色，尾羽端部白色；两胁和尾下覆羽棕褐色。栖息于常绿阔叶林、落叶阔叶林、针阔叶混交林、竹林和灌木林等，多成对或结小群在林下灌丛和竹丛间活动。主要以昆虫等无脊椎动物为食，也吃果实、种子和草籽等植物性食物。繁殖期4—6月，每窝产卵2~4枚。我国分布于西藏，国外分布于印度。

噪鹛科 Leiothrichidae
中国评估等级：无危（LC）
世界自然保护联盟（IUCN）评估等级：无危（LC）

## 红尾噪鹛
*Trochalopteron milnei*

　　全长约25 cm。前额、头顶至后颈红棕色，耳羽灰白色，具黑纹，眼先、眉纹及颏、喉黑色；体背面橄榄灰绿色，背部和胸部具不明显黑色鳞状斑，翅和尾羽赤红色；尾下覆羽近黑。栖息于山地沟谷湿性阔叶林、竹林中，常成对或结小群在林下灌丛和竹丛间活动。杂食性，以昆虫和植物果实、种子为食。繁殖期4—5月，通常在灌丛或矮树上营巢，每窝产卵2～3枚。我国分布于云南、重庆、贵州、湖南、广东、福建、广西，国外分布于缅甸、泰国、老挝、越南。

噪鹛科 Leiothrichidae
中国保护级别：II级
中国红色名录等级：无危（LC）
世界自然保护联盟（IUCN）红色名录等级：无危（LC）

## 红翅噪鹛
*Trochalopteron formosum*

　　全长约27 cm。头顶和耳羽灰白色，具黑色纵纹，眼先、眉纹、颊黑色；背部棕褐色，腰至尾上覆羽橄榄褐色，翅和尾暗褐色，翅上具鲜艳的红色块斑，中央尾羽和外侧尾羽外缘红色；颏、喉至上胸黑色，其余下体棕褐色，尾下覆羽暗橄榄褐色。栖息于常绿阔叶林、次生林及竹林中，常成对或结小群在林下灌丛和地上活动。以浆果、种子和昆虫为食。我国分布于云南、四川、贵州、广西，国外分布于越南。

噪鹛科 Leiothrichidae
中国保护等级：II级
中国评估等级：无危（LC）
世界自然保护联盟（IUCN）评估等级：无危（LC）

**211**

## 金翅噪鹛
*Trochalopteron chrysopterum*

　　全长约25 cm。前额至头顶前部灰色，具黑褐色纵纹，头顶至后颈棕红色，眼先、颊及颏和喉部黑色，耳羽灰色；上背和肩橄榄黄褐色，具黑色点斑，下背至尾上覆羽橄榄绿色，翅和外侧尾羽金黄绿色；颈侧和胸黄褐色，具黑色鳞状斑，腹部、胁及尾下覆羽暗黄褐色。栖息于海拔1280～3000 m的常绿阔叶林、针阔混交林、竹林和次生林等山地森林中，多活动于林缘灌丛、山坡稀树灌木草丛、竹丛中。性胆怯，常结小群或与其他噪鹛类混群活动，在林间地面落叶中觅食昆虫，也啄食果实和草籽。繁殖期4—7月，每窝产卵2～3枚。我国分布于云南，国外分布于印度、缅甸。

噪鹛科 Leiothrichidae
中国评估等级：无危（LC）
世界自然保护联盟（IUCN）评估等级：无危（LC）

## 斑喉希鹛
*Actinodura strigula*

　　全长约16 cm。前额、头顶至后颈棕褐色，头侧灰黄色，颚纹和耳羽后方黑色；背和翅上覆羽暗灰橄榄绿色，翅黑褐色并具亮丽的橙黄色翅斑，尾黑色，中央尾羽栗红色，具黑色次端斑和淡黄色端斑；颏橘黄色，喉白色具黑色喉斑，下体余部黄色。栖息于山地阔叶林、针阔混交林、次生林和竹林中，常活动于高大乔木树冠上或森林中上层和林下灌木的枝头。喜结群，或与其他凤鹛、希鹛混群，性活泼，行动敏捷。主要以昆虫、植物种子和果实为食。我国分布于西藏、云南、四川，国外分布于喜马拉雅山脉至中南半岛。

噪鹛科 Leiothrichidae
中国评估等级：无危（LC）
世界自然保护联盟（IUCN）评估等级：无危（LC）

# 东白眶斑翅鹛

*Actinodura radcliffei*

全长约23 cm。前额、头顶至后颈棕黄褐色，具羽冠，眼先黑褐色，眼圈白色，枕侧和耳羽灰褐色；上体橄榄黄褐色，隐现暗色横纹，翅和尾棕褐色，具明显的黑色横斑；下体暗黄褐色，腹部中央黄白色。栖息于山地常绿阔叶林、竹林和林下灌丛地带。结小群活动，性活泼，动作迅速，鸣叫时羽冠耸起。主要觅食昆虫。我国分布于云南、贵州、广西，国外分布于缅甸、老挝、越南。

噪鹛科 Leiothrichidae

中国评估等级：无危（LC）

世界自然保护联盟（IUCN）评估等级：无危（LC）

## 栗额斑翅鹛
*Actinodura egertoni*

　　全长约23 cm。前额、眼先和眼圈锈红色，颊和耳羽灰褐色，头顶至后颈灰褐色，枕部具羽冠；上体棕黄褐色，翅和尾具黑色横斑；下体灰棕黄褐色，腹部中央白色。栖息于山地常绿阔叶林、灌木林、竹林等生境中。常结小群或与其他鸟类混群。杂食性，以昆虫和植物的花、果实、种子为食。繁殖期4—7月，在灌丛或竹林中筑巢，每窝产卵3～4枚。我国分布于西藏、云南，国外分布于尼泊尔、不丹、印度、缅甸。

噪鹛科 Leiothrichidae
中国评估等级：无危（LC）
世界自然保护联盟（IUCN）评估等级：无危（LC）

**215**

# 蓝翅希鹛
## *Siva cyanouroptera*

　　全长约15 cm。头顶至后颈灰褐色，杂有淡蓝色纵纹，侧冠纹深蓝色，眼先、眼周和眉纹白色，颊、耳羽和颈侧灰褐色；背及翅上覆羽赭褐色，翅蓝色，尾羽表面灰蓝色，羽端近黑色；颏、喉和上胸灰色沾淡紫色，腹部中央和尾下覆羽及尾羽下面近白色。栖息于常绿阔叶林、针阔混交林的林下灌丛和竹林中。除繁殖期外常结小群活动，有时也与相思鸟、雀鹛等小鸟混群。杂食性，以昆虫和果实、草籽等为食。我国分布于西藏、云南、四川、重庆、贵州、湖南、广东、香港、广西、海南，国外分布于喜马拉雅山脉东段、中南半岛。

噪鹛科 Leiothrichidae
中国评估等级：无危（LC）
世界自然保护联盟（IUCN）评估等级：无危（LC）

# 灰头斑翅鹛
*Sibia souliei*

　　全长约22 cm。前额至头顶羽冠灰色，具棕褐色纵纹，后枕、头侧及耳羽银灰白色，羽缘灰褐色，眼先黑色；后颈、上背至尾上覆羽和肩羽黑褐色，羽缘棕黄色，翅和尾羽棕红褐色，具黑色横斑，尾羽具白色端斑；下体棕黄色，满布黑色纵纹。栖息于亚热带湿性常绿阔叶林和竹林中。结小群活动。食物主要为昆虫。我国分布于云南、四川，国外分布于越南。

噪鹛科 Leiothrichidae
中国评估等级：无危（LC）
世界自然保护联盟（IUCN）评估等级：无危（LC）

# 红尾希鹛
*Minla ignotincta*

全长约14 cm。雄鸟额至后颈黑色，眉纹白色，从额部延伸至上背中央，眼先、眼周、眼后和耳羽黑色，形成长而宽阔的贯眼纹；背部橄榄褐色，翅黑色，初级飞羽羽缘红色，其余飞羽羽缘白色，尾羽黑色，羽缘朱红色；下体黄白色。雌鸟体色较淡，飞羽羽缘黄色，尾羽羽缘黄色或橙黄色。栖息于山区的阔叶林、混交林、次生林、竹林的林缘疏林、灌丛地带。常结群活动于树冠上层枝叶间，有时也与其他鸟类混群。主要取食昆虫，也吃一些植物果实和草籽。我国分布于西藏、云南、四川、重庆、贵州、湖南、广西、国外分布于喜马拉雅山脉东段、中南半岛北部和东部。

噪鹛科 Leiothrichidae
《中国生态环境部》评估等级：无危（LC）
世界自然保护联盟（IUCN）评估等级：无危（LC）

## 栗背奇鹛
*Leioptila annectens*

　　全长约19 cm。头、颈和上背两侧黑色，后颈具白色纵纹；背至尾上覆羽栗色，翅黑色具灰白色羽缘和栗色横斑，尾羽黑色，除中央尾羽外，其余尾羽具白色端斑；下体白色，两胁及尾下覆羽淡棕黄色。栖息于热带和亚热带山地常绿阔叶林中。常结小群活动。主要以昆虫为食，也吃植物果实、种子和苔藓。我国分布于西藏、云南、广西，国外分布于尼泊尔、不丹、印度、缅甸、泰国、老挝、越南。

噪鹛科 Leiothrichidae
中国评估等级：无危（LC）
世界自然保护联盟（IUCN）评估等级：无危（LC）

## 红嘴相思鸟
### *Leiothrix lutea*

　　全长约15 cm，嘴红色。雄鸟前额、头顶至后枕橄榄绿褐色，眼先和眼圈淡黄白色，颚纹黑色，耳羽灰绿色；背部暗灰绿色，翅黑褐色，具黄色边缘和红色翅斑，尾呈浅叉状；颏及上喉黄色，下喉至胸橙红色，腹及尾下覆羽淡黄色，两胁灰绿色。雌鸟喉、胸色淡，翼无红色。栖息于山地常绿阔叶林、竹林和林缘疏林灌丛地带。除繁殖季节外多成群活动，善鸣叫，尤其在繁殖期间鸣声响亮、婉转动听。杂食性，以昆虫和植物的果实、种子等为食。繁殖期为4—10月，巢筑于灌丛或竹丛中，每窝产卵3～5枚。我国分布于西北、华中、华东、华南、西南地区，国外分布于喜马拉雅山脉至中南半岛北端。

噪鹛科 Leiothrichidae
中国保护等级：II级
中国评估等级：无危（LC）
世界自然保护联盟（IUCN）评估等级：无危（LC）
濒危野生动植物种国际贸易公约（CITES）：附录II

# 银耳相思鸟
*Leiothrix argentauris*

　　全长约17 cm，嘴黄色。雄鸟头黑色，前额基部橙黄色，耳羽银灰色，后颈和颈侧橙黄色；背、翅上覆羽及尾羽橄榄绿色，飞羽黑褐色，基部赤红色，端部橙黄色，形成明显翅斑，尾上覆羽和尾下覆羽朱红色；喉和胸部橙红色，腹部和两胁橄榄黄色。雌鸟后颈和颈侧黄色，尾上覆羽和尾下覆羽暗黄色，余部体色与雄鸟相似。栖息于山地常绿阔叶林、竹林和林缘灌丛地带。性活泼，鸣声响亮欢快，常成群活动，多在林下地面上觅食昆虫、植物果实和种子。繁殖期2—8月，在稠密植物丛或灌丛中营巢，每窝产卵2～5枚。我国分布于西藏、云南、贵州、广西，国外分布于喜马拉雅山脉中段至中南半岛。

噪鹛科 Leiothrichidae
中国保护等级：II级
中国评估等级：近危（NT）
世界自然保护联盟（IUCN）评估等级：无危（LC）
濒危野生动植物种国际贸易公约（CITES）：附录II

**221**

# 红翅薮鹛
*Liocichla ripponi*

　　全长约23 cm。前额、头顶至后枕灰褐色，具不明显的黑色纵纹，头侧至颈侧赤红色；背至尾上覆羽及肩羽橄榄褐色，初级飞羽外缘红色，近端部橙黄色，尾羽黑色，具橙黄色端斑；下体棕橄榄褐色，尾下覆羽黑色，具红色或橘黄色端斑。栖息于山地常绿阔叶林、竹林、灌丛等生境中，多结小群在林缘及次生林的林下灌丛和竹丛中活动。鸣声响亮悦耳。杂食性，以昆虫和植物果实、种子、草籽等为主。繁殖期3—6月，每窝产卵2～4枚。我国分布于云南、广西，国外分布于缅甸、泰国、老挝、越南。

噪鹛科 Leiothrichidae
中国评估等级：无危（NT）
世界自然保护联盟（IUCN）评估等级：无危（LC）

# 灰胸薮鹛
*Liocichla omeiensis*

　　全长约18 cm。雄鸟头顶灰色并具黑色纵纹，前额基部、眉纹至颈侧橙黄色，眼先和眼周淡黄，颊和耳羽灰色；背灰橄榄色，飞羽黑色具红色和橙黄色翅斑，尾橄榄绿褐色具黑色横纹，羽端红色；下体灰色，腹部中央橄榄黄色，尾下覆羽黑色具赤红色羽端。雌鸟翅斑、尾端及尾下覆羽端部为橙黄色。栖息于常绿阔叶林、竹林和林缘灌丛中，常结小群在林灌下层活动。取食果实和昆虫。中国特有鸟类，分布于云南、四川。

噪鹛科 Leiothrichidae
中国保护等级：Ⅰ级
中国评估等级：易危（VU）
世界自然保护联盟（IUCN）评估等级：易危（VU）
濒危野生动植物种国际贸易公约（CITES）：附录Ⅱ

**223**

## 黑头奇鹛
*Heterophasia desgodinsi*

　　全长约23 cm。头黑色，顶冠具光泽，耳羽暗褐色；背至腰和尾上覆羽及肩羽灰褐色，翅和尾羽黑褐色，尾羽具灰色端斑；喉及下体中央白色，体侧沾灰色。栖息于沟谷林、次生林、竹林或山坡灌丛中。常结群或与其他小鸟混群。以昆虫、植物果实等为食。繁殖期5—7月，每窝产卵2～3枚。我国分布于云南、四川、贵州、湖南、广西，国外分布于老挝、缅甸、越南。

噪鹛科 Leiothrichidae
中国评估等级：无危（LC）
世界自然保护联盟（IUCN）评估等级：无危（LC）

# 丽色奇鹛
*Heterophasia pulchella*

　　全长约22 cm。全身体羽蓝灰色。前额、眼先和眼周黑色；飞羽黑褐色，外侧羽缘浅蓝灰色，尾羽赭褐色，具黑色次端斑及暗灰色端斑；下体色较淡，胸、腹部染淡葡萄色。栖息于山地湿性阔叶苔藓林、针阔混交林和杜鹃林中，有一定的垂直迁移习性。常成对或结小群活动。以昆虫和植物果实、种子等为食。我国分布于西藏、云南，国外分布于印度东北部和缅甸北部。

噪鹛科 Leiothrichidae
中国评估等级：无危（LC）
世界自然保护联盟（IUCN）评估等级：无危（LC）

## 长尾奇鹛
*Heterophasia picaoides*

全长约31 cm。前额和眼先暗褐色；体背暗灰褐色，翅暗褐色，具明显的白色翅斑，尾长超过体长，尾羽表面褐色，具浅灰色端斑；颏、喉和胸淡灰褐色，腹部和尾下覆羽淡灰色。栖息于山地常绿阔叶林、次生林或灌丛中。除繁殖期外多结小群活动。主要以昆虫和植物果实、种子为食。我国分布于西藏、云南、广西，国外分布于喜马拉雅山脉东段、中南半岛、苏门答腊岛。

噪鹛科 Leiothrichidae
中国评估等级：无危（LC）
世界自然保护联盟（IUCN）评估等级：无危（LC）

**226**

## 小黑领噪鹛
*Garrulax monileger*

全长约28 cm。前额至后枕橄榄黄褐色，后颈棕红色，眉纹白色，眼先、眼周和眼后纹黑色，形成贯眼纹，耳羽灰白色；体背面均为橄榄褐色，外侧尾羽具黑色次端斑和棕白色端斑；颏、喉白色，其后缘染棕黄色，胸部具黑色环带，并向颈侧延伸与眼后纹相连，腹部中央白色，两胁和尾下覆羽棕黄色。栖息于常绿阔叶林、竹林或灌木林中，多在林下草丛和灌丛中活动。喜结群，有时与其他噪鹛混群，叫声尖锐嘈杂。杂食性，以昆虫和植物果实、种子为食。繁殖期3—6月，营巢于树林或竹林中，每窝产卵3～5枚。我国分布于西藏、云南、湖南、江西、浙江、福建、广东、广西、海南，国外分布于喜马拉雅山脉东段、中南半岛。

噪鹛科 Leiothrichidae
中国评估等级：无危（LC）
世界自然保护联盟（IUCN）评估等级：无危（LC）

# 白冠噪鹛
*Garrulax leucolophus*

全长约30 cm。头部白色，头顶具显著的白色羽冠，眼先至耳羽黑色，形成宽阔的贯眼纹；后颈灰色，上背栗红色，并沿颈侧延至胸部形成领环，上体余部暗橄榄褐色，翅和尾羽黑褐色；喉、胸白色，胸以下淡褐色或白色。栖息于常绿阔叶林中，喜结群在林下灌木和草丛中活动。叫声响亮而嘈杂，在地面或近地面觅食昆虫等小动物，也取食植物果实、种子和草籽。繁殖期4—6月，在灌丛或树丛中营巢，每窝产卵2～6枚。我国分布于西藏、云南，国外分布于喜马拉雅山脉中段至中南半岛。

噪鹛科 Leiothrichidae
中国评估等级：无危（LC）
世界自然保护联盟（IUCN）评估等级：无危（LC）

**229**

## 画眉
### *Garrulax canorus*

全长约23 cm。上体橄榄褐色，眼周及眉纹白色，头顶至上背具黑褐色羽干纹，尾羽具黑色横斑；下体棕黄色，颏、喉至上胸具黑褐色轴纹，腹部中央灰色。栖息于低山丘陵地带的林缘、灌丛、草丛、竹林中。成对或结小群活动。杂食性，以昆虫等动物性食物为主，兼食草籽和野果。繁殖期4—7月，每窝产卵3～5枚。我国分布于秦岭以南广大地区，国外分布于老挝和越南。我国传统的笼养观赏鸟，叫声委婉动听，由于被大量捕捉贩卖，近年来种群数量明显减少。

噪鹛科 Leiothrichidae
中国保护等级：Ⅱ级
中国评估等级：近危（NT）
世界自然保护联盟（IUCN）评估等级：无危（LC）
濒危野生动植物种国际贸易公约（CITES）：附录Ⅱ

## 斑胸噪鹛
*Garrulax merulinus*

　　全长约24 cm。上体主要呈暗黄褐色。眼先、眼圈黑褐色，眼后至耳羽上方有一条淡黄白色眉纹；颏、喉至上胸淡黄白色，并具显著的黑褐色纵纹，下胸至腹部中央皮黄色，尾下覆羽棕褐色。栖息于山地常绿阔叶林、次生林、竹林和灌丛地带，多成对或结小群在林下灌丛活动觅食。主要以昆虫为食。繁殖期4—7月，在近地面的灌丛或竹丛中筑巢，每窝产卵2～3枚。我国分布于云南，国外分布于缅甸、泰国、越南。

噪鹛科 Leiothrichidae
中国评估等级：无危（LC）
世界自然保护联盟（IUCN）评估等级：无危（LC）

**231**

## 西灰翅噪鹛
*Garrulax cineraceus*

　　全长约23 cm。体大部分为沙棕色，前额、头顶至后颈及髭纹黑色，眼先白色，眼后具细黑纹，眉纹和耳羽后部灰白色；初级飞羽外缘蓝灰色，次级飞羽和尾羽具白色端斑和黑色次端斑；颏近白色，喉部具黑色细纹，下体余部浅黄色。栖息于常绿阔叶林、针阔混交林及稀树灌丛、竹林等生境。多结群在林下活动。杂食性，取食昆虫、植物果实及杂草种子。繁殖期3—6月，在灌木或竹丛中营巢，每窝产卵2～4枚。我国分布于云南，国外分布于印度、缅甸。

噪鹛科 Leiothrichidae
中国评估等级：无危（LC）
世界自然保护联盟（IUCN）评估等级：无危（LC）

# 东灰翅噪鹛
*Garrulax cinereiceps*

全长约23 cm。似西灰翅噪鹛，体大部分为栗红色，前额、头顶至后颈及髭纹深灰色，眼先白色，眼后纹黑色，眉纹和耳羽后部棕褐色。栖息于低山丘陵地带的森林、稀树灌丛、竹林等生境。多结群在林下活动。杂食性，取食昆虫、植物果实及杂草种子。我国分布于西南、华东、华南地区，国外分布于越南。

噪鹛科 Leiothrichidae
中国评估等级：无危（LC）
世界自然保护联盟（IUCN）评估等级：无危（LC）

## 栗颈噪鹛
*Garrulax ruficollis*

　　全长约25 cm。前额、头侧和颏、喉至上胸均呈黑色，头顶至后枕暗灰褐色，枕侧至颈侧、下腹至尾下覆羽棕栗红色，体羽余部橄榄绿褐色，尾羽暗褐色，羽端近黑色。栖息于热带和南亚热带常绿阔叶林的林下和林缘灌木丛或稀树草坡地带。多结小群活动，鸣声洪亮悦耳。杂食性，主要以昆虫为食，也吃果实等植物性食物。繁殖期3—8月，营巢于灌丛之中，每窝产卵3～4枚。我国分布于西藏、云南，国外分布于尼泊尔、不丹、印度、孟加拉国、缅甸。

噪鹛科 Leiothrichidae
中国评估等级：无危（LC）
世界自然保护联盟（IUCN）评估等级：无危（LC）

## 黑喉噪鹛
*Garrulax chinensis*

　　全长约27 cm。前额、眼周、眼后纹黑色，前额后缘具白斑，头顶至后枕蓝灰色，颊、耳羽和颈侧具显著的大型白斑；背羽大都呈橄榄绿褐色；颏、喉和上胸中央黑色，下体余部多为灰褐色，尾羽末端黑色。栖息于热带雨林和季雨林中，常结小群在林下和林缘灌丛、竹丛或居民点附近的灌木草丛中活动。其鸣声清晰婉转，悦耳动听。杂食性，以昆虫和植物果实、种子、草籽及稻谷等为食。繁殖期4—6月，在灌木或竹丛中营巢，每窝产卵3～5枚。我国分布于云南、广西、广东、澳门，国外分布于缅甸、泰国、老挝、柬埔寨、越南。

噪鹛科 Leiothrichidae
中国保护等级：II级
中国评估等级：无危（LC）
世界自然保护联盟（IUCN）评估等级：无危（LC）

**235**

## 栗臀噪鹛
*Garrulax gularis*

　　全长约23 cm。前额、头顶至颈背及胸侧灰蓝色，额基、头侧黑色，体背面及翅和尾羽棕褐色；颏、喉至胸和上腹黄色，胸部沾灰色，下腹中央至尾下覆羽棕色，两侧和腿覆羽栗褐色。栖息于热带和亚热带常绿阔叶林及灌丛。结小群活动，于地面取食昆虫。我国分布于西藏、云南，国外分布于不丹、印度东北部、缅甸北部、老挝东北部、越南西北部。

噪鹛科 Leiothrichidae
中国评估等级：近危（NT）
世界自然保护联盟（IUCN）评估等级：无危（LC）

## 白喉噪鹛
*Garrulax albogularis*

　　全长约28 cm。上体橄榄黄褐色，眼先黑色；外侧尾羽具白色端斑；颏、喉至上胸白色，下胸具橄榄褐色横带，腹部至尾下覆羽棕黄。栖息于常绿阔叶林和针阔混交林的林下或林缘灌丛地带。多结小群活动，鸣声嘈杂。杂食性，取食昆虫和植物果实、种子等。繁殖期5—7月，在林下灌木或距地不高的小树枝杈上营巢，每窝产卵3～4枚。我国分布于陕西、甘肃、青海、云南、西藏、四川、重庆、贵州、湖北、湖南，国外分布于南亚北部、东南亚东北部。

噪鹛科 Leiothrichidae
中国评估等级：无危（LC）
世界自然保护联盟（IUCN）评估等级：无危（LC）

**237**

# 黑领噪鹛
## *Garrulax pectoralis*

全长约30 cm。上体橄榄褐色，后颈棕红色，白色眉纹从眼上伸达枕侧，眼先棕白色，眼圈和眼后纹黑色，耳羽黑色杂以白纹，或白色杂以黑纹，颊纹和颈侧黑色，向下延伸至胸部，形成领环；颏、喉、胸和腹部中央白色，略染淡皮黄色，两胁和尾下覆羽棕黄色，外侧尾羽具黑色次端斑和棕白色端斑。栖息于低山丘陵地带的阔叶林中，多在林下茂密的灌丛或竹丛中活动和觅食。喜结群，有时与小黑领噪鹛混群，鸣声嘈杂，十分喧闹。以昆虫和植物种子、果实等为食。繁殖期3—8月，在灌木丛和竹丛中营巢，每窝产卵3~7枚。我国分布于陕西、甘肃、西藏、云南、四川、重庆、贵州、湖北、湖南、安徽、江西、江苏、浙江、福建、广东、海南、广西，国外分布于喜马拉雅山脉东段、中南半岛北部和西部。

噪鹛科 Leiothrichidae
中国评估等级：无危（LC）
世界自然保护联盟（IUCN）评估等级：无危（LC）

**238**

# 灰胁噪鹛
## *Garrulax caerulatus*

　　全长约28 cm。前额、眼先、耳羽上部黑色，耳羽灰白色，眼周裸皮灰蓝色，头顶至后颈暗棕褐色，羽缘黑色，具鳞状斑，上体余部棕褐色；颏、喉、胸和腹部中央及尾下覆羽白色，两胁暗灰色。栖息于亚热带常绿阔叶林的林下灌丛和竹丛地带。常结小群活动，性活泼，鸣声响亮多变。主要取食昆虫，兼食植物种子和果实。我国分布于西藏、云南，国外分布于尼泊尔、不丹、印度东北部、缅甸北部。

噪鹛科 Leiothrichidae
中国评估等级：无危（LC）
世界自然保护联盟（IUCN）评估等级：无危（LC）

## 棕噪鹛
*Garrulax berthemyi*

全长约28 cm。头顶、后颈、颈侧、背及喉至上胸棕黄褐色，头顶具黑色羽缘，额基至眼先黑色，眼周裸皮蓝色；翅和尾羽表面棕红褐色，外侧尾羽末端白色；下胸、腹部和两胁灰色，尾下覆羽白色。栖息于亚热带山地森林的林下灌丛及竹林。常单独或结小群活动，鸣声响亮而多变，取食昆虫和植物果实、种子。中国特有鸟类，分布于四川、云南、贵州、湖南、湖北、安徽、浙江、广西、广东、福建。

噪鹛科 Leiothrichidae
中国保护等级：II级
中国评估等级：无危（LC）
世界自然保护联盟（IUCN）评估等级：无危（LC）

# 矛纹草鹛
*Garrulax lanceolatus*

　　全长约28 cm。头顶及背羽棕褐色并满布灰褐色纵纹，头侧淡棕黄白色，杂黑褐色斑，颚纹黑色；翅和尾褐色；下体淡皮黄色，胸和腹部两侧具栗褐色和黑色纵纹，尾下覆羽灰褐色。栖息于常绿阔叶林、针阔混交林、针叶林、稀树灌丛、竹林等生境中，除繁殖期外，常成小群在林内或林缘灌丛和高草丛中活动。杂食性，主要以昆虫和植物果实、种子等为食。繁殖期3—6月，每窝产卵2～6枚。我国分布于陕西、甘肃、西藏、云南、四川、重庆、贵州、湖南、福建、广东、广西，国外分布于缅甸。

噪鹛科 Leiothrichidae
中国评估等级：无危（LC）
世界自然保护联盟（IUCN）评估等级：无危（LC）

## 棕草鹛
### *Garrulax koslowi*

全长约28 cm，嘴近黑色并下弯。头至后枕栗褐色，颊和耳羽棕褐色，具灰色细纹；体背面棕褐色而具浅色纵纹，两翅及尾棕褐色，初级飞羽外缘灰色，尾羽具明暗相间的横斑；颏和上喉棕白色，胸和腹侧具棕栗色纵斑，下体余部淡茶黄色。栖息于高原开阔地带的灌丛、河谷或耕地，多在地面活动、繁殖季节成对或单独活动，主要取食昆虫和植物种子。我国特有鸟类，分布于青海东南部、西藏东部和东南部。

噪鹛科 Leiothrichidae
中国保护等级：II级
中国评估等级：近危（NT）
世界自然保护联盟（IUCN）评估等级：近危（NT）

# 白颊噪鹛
## *Garrulax sannio*

全长约23 cm。前额、头顶至后枕深栗褐色，眼先、眉纹和颊白色；体背面橄榄褐色，尾羽深棕褐色；体腹面浅棕褐色，尾下覆羽棕黄色。栖息于低山丘陵及河谷溪边的矮树灌丛、草丛和竹丛中。喜结群活动，鸣声喧闹响亮。杂食性，主要以昆虫、螺等动物性食物为食，也吃植物果实和种子。繁殖期3—7月，在灌丛或树上营巢，每窝产卵3~4枚。我国分布于甘肃、陕西、云南、四川、贵州、湖北、湖南、江西、福建、广东，国外分布于南亚次大陆东北部、中南半岛北部。

噪鹛科 Leiothrichidae
中国评估等级：无危（LC）
世界自然保护联盟（IUCN）评估等级：无危（LC）

# 黑脸噪鹛
## *Garrulax perspicillatus*

　　全长约32 cm。头顶至后颈褐灰色，前额至头侧脸部黑色，体背及翅和尾羽表面棕褐色；颏、喉和颈侧褐灰色，胸、腹部淡皮黄色，尾下覆羽棕黄色。栖息于低山丘陵地带的常绿阔叶林、灌丛、竹丛中。多结群活动，鸣声嘹亮，喧闹嘈杂。杂食性，主要取食昆虫等无脊椎动物，也吃植物果实、种子和农作物。繁殖期3—8月，在灌丛、竹林间筑巢，每窝产卵3～4枚。我国分布于河南、山西、陕西、云南、四川、重庆、贵州、湖北、湖南、安徽、江西、江苏、上海、浙江、福建、广东、香港、澳门、广西，国外分布于越南。

噪鹛科 Leiothrichidae
中国评估等级：无危（LC）
世界自然保护联盟（IUCN）评估等级：无危（LC）

## 眼纹噪鹛
### *Ianthocincla ocellata*

全长约32 cm。前额、头顶至后颈及颏、喉黑色，眼先、眉纹和颊棕黄色；体背面棕褐色，满布白色和黑色斑点，飞羽黑色，外缘灰蓝色，尾羽表面棕褐色，具白色端斑和黑色次端斑；体腹面淡棕黄色，胸和两胁具黑白色横斑。鸣声优美嘹亮。栖息于亚热带阔叶林、针阔混交林、针叶林中，多成对或结小群在林下灌木和竹林间或地上活动觅食。以昆虫等动物性食物为主，也食植物的果实、嫩叶和草籽等。我国分布于陕西、甘肃、西藏、云南、四川、重庆、湖北，国外分布于喜马拉雅山脉、中南半岛东北部。

噪鹛科 Leiothrichidae
中国保护等级：II级
中国评估等级：近危（NT）
世界自然保护联盟（IUCN）评估等级：无危（LC）

# 大噪鹛
*Ianthocincla maxima*

全长约33 cm。前额、头顶至枕部黑褐色、眉纹、颊和耳羽棕红色；背及翅上覆羽和肩羽栗褐色，满布白色点斑，翅和尾羽黑褐色，均具白色端斑；颏和喉棕褐色，喉具黑色块斑，上胸部棕红色，羽端淡皮黄色，其余下体皮黄色。栖息于亚高山落叶阔叶林、针阔混交林和竹林地带，多在林下或林缘灌木间活动，或在地上落叶层中觅食。主要以昆虫等无脊椎动物为食，也吃植物果实和种子。中国特有鸟类，分布于甘肃、西藏、青海、云南、四川。

噪鹛科 Leiothrichidae
中国保护等级：Ⅱ级
中国评估等级：无危（LC）
世界自然保护联盟（IUCN）评估等级：无危（LC）

# 斑背噪鹛
*Ianthocincla lunulata*

　　全长约25 cm。额、头顶至后颈栗褐色，眼先、眼周和眼后纹相连，形成醒目的白色眼圈，颈侧灰白色；背至尾上覆羽和肩羽浅褐色，各羽均具宽阔的黑色次端斑和棕色端斑、翅黑褐色，初级飞羽外翈羽缘蓝灰色，中央尾羽橄榄褐色，外侧尾羽基部蓝灰色，均具黑色次端斑和白色端斑；下体淡棕褐色，腹部近白色，两胁具黑褐色横斑。栖息于常绿阔叶林、针阔混交林、针叶林和竹林中，多在林下灌丛或竹灌丛和地上活动觅食。常单独或成对活动，主要以昆虫和植物果实、种子为食。中国特有鸟类，分布于陕西、甘肃、四川、重庆、湖北。

噪鹛科 Leiothrichidae
中国保护等级：II 级
中国红色等级：无危（LC）
世界自然保护联盟（IUCN）评估等级：无危（LC）

**248**

## 黑额山噪鹛
*Ianthocincla sukatschewi*

全长约28 cm。上体橄榄褐色，具不明显的淡棕色眉纹，延伸至耳羽上方，前额、贯眼纹和颊纹黑色，颊和耳羽前部白色；飞羽暗灰色，具白色端斑，尾羽末端白色，尾上覆羽和尾下覆羽棕红色；下体暗葡萄棕色。栖息于山地针叶林带，喜结小群在林下矮灌丛或竹丛中活动。通常于地面取食，食物主要为昆虫和植物种子等。我国特有鸟类，分布于甘肃南部和四川北部。

噪鹛科 Leiothrichidae
中国保护等级：1级
中国评估等级：易危（VU）
世界自然保护联盟（IUCN）评估等级：易危（VU）

## 火尾绿鹛
*Myzornis pyrrhoura*

　　全长约12 cm。雄鸟上体主要呈暗绿色并具光泽，头顶具黑色鳞斑，贯眼纹黑色；飞羽黑色，具红色翅斑和白色端斑，外侧尾羽火红色，并具黑色端斑；喉及上胸中央栗红色，下腹及尾下覆羽棕黄色，下体余部淡绿色。雌鸟羽色较暗，翅斑和胸部不沾红而呈褐黄色。栖息于高山灌丛、竹林和矮树丛中，冬季可向下迁至中低山阔叶林区的灌木丛林地带。繁殖季节成对活动，非繁殖季节结群。啄吃昆虫及树木汁液、花粉、花蜜和果实。我国分布于西藏、云南，国外分布于喜马拉雅山脉东段、缅甸东北部。

莺鹛科 Sylviidae
中国评估等级：近危（NT）
世界自然保护联盟（IUCN）评估等级：无危（LC）

**250**

## 金胸雀鹛
*Lioparus chrysotis*

　　全长约11 cm。前额、头顶和眼先黑色，头顶中央具白色冠纹，颊和耳羽白色；后颈至体背橄榄灰色，翅和尾黑色，均具黄色羽缘；颏和喉黑色，胸、腹和尾下覆羽金黄色。栖息于常绿阔叶林、针阔混交林中，多结群在林下灌丛或竹丛中活动。食物以昆虫等动物性食物为主，兼食植物性食物。我国分布于甘肃、陕西、四川、西藏、云南、贵州、湖南、广东、广西，国外分布于喜马拉雅山脉东段、中南半岛北端。

莺鹛科 Sylviidae
中国保护等级：Ⅱ级
中国评估等级：无危（LC）
世界自然保护联盟（IUCN）评估等级：无危（LC）

**251**

## 中华雀鹛
*Fulvetta striaticollis*

全长约12 cm。上体褐色，头顶至上背具暗褐色纵纹；翅栗褐色，羽缘白色，尾羽褐色；喉至胸部白色并具近黑色纵纹，下体余部浅褐色。栖息于高山栎林和冷杉林中，常结小群在林下和山坡灌丛中活动。以果实等植物性食物为主，兼食昆虫等动物性食物。中国特有鸟类，分布于甘肃、青海、西藏、云南、四川。

雀形目 Sylviidae
中国保护级别：II级
中国濒危等级：无危（LC）
世界自然保护联盟（IUCN）评估等级：无危（LC）

## 棕头雀鹛
*Fulvetta ruficapilla*

全长约11 cm。头顶至后颈栗褐色，具黑色侧冠纹，眼周近白色，耳羽和颈侧灰褐色；上背灰褐色，翅红褐色，羽缘灰白色，腰至尾上覆羽栗褐色，尾褐色；下体灰白色，颏、喉部及胸部有不明显的暗色纵纹，腹部、两胁和尾下覆羽黄褐色。栖息于阔叶林、混交林、针叶林、竹林或灌丛中。常结小群活动，有时也与其他鸟类混群。主要取食昆虫等无脊椎动物，也吃植物果实和种子。我国特有鸟类，分布于陕西、甘肃、云南、四川、贵州。

莺鹛科 Sylviidae
中国评估等级：无危（LC）
世界自然保护联盟（IUCN）评估等级：无危（LC）

## 路氏雀鹛
*Fulvetta ludlowi*

　　全长约12 cm。前额、头顶至后枕暗褐色，头侧具黑灰色侧冠纹，眼先和眼周暗灰色，颊、耳羽和颈侧灰褐色；背部灰褐色，翅上覆羽及腰棕栗色，翅和尾羽黑褐色，翅具白色羽缘；喉白色具深色纵纹，胸部灰色，腹部、两胁和尾下覆羽栗褐色。栖息于海拔较高的阔叶林、混交林、竹林、灌丛及杜鹃林中。除繁殖期外多结小群活动。以昆虫和植物种子等为食。我国分布于西藏，国外分布于不丹、印度东北部。

莺鹛科 Sylviidae
中国评估等级：无危（LC）
世界自然保护联盟（IUCN）评估等级：无危（LC）

# 褐头雀鹛
*Fulvetta manipurensis*

全长约12 cm。头顶至后颈棕褐沾灰色，头侧有褐色侧冠纹，眉纹近灰白色，眼先、颊和耳羽灰褐色；背淡棕褐色，初级飞羽具浅灰色羽缘，上体余部主要呈褐色；喉及上胸近白色，具褐色纵纹，下体余部茶黄色。栖息于山地阔叶林、竹林及山坡灌丛中。多结小群在杜鹃林、竹丛和灌丛内活动。主要以昆虫和植物种子等为食。我国分布于云南，国外分布于印度东北部、缅甸北部、越南北部。

莺鹛科 Sylviidae
中国评估等级：无危（LC）
世界自然保护联盟（IUCN）评估等级：无危（LC）

## 金眼鹛雀
*Chrysomma sinense*

全长约18 cm。前额至后枕暗棕红色，眼周金黄色，眼先白色；后颈、背、肩和尾上覆羽棕褐色，翅棕红色，尾褐色；颏、喉至胸部白色，腹部至尾下覆羽茶黄色。栖息于开阔河谷、平原及丘陵地带。喜结小群活动于灌丛、高草丛和湿地苇丛中。食物主要为昆虫和草籽。繁殖期3—10月，在灌丛或草丛中筑巢，每窝产卵3~5枚。我国分布于云南、贵州、广东、广西，国外分布于南亚次大陆、中南半岛。

莺鹛科 Sylviidae
中国评估等级：无危（LC）
世界自然保护联盟（IUCN）评估等级：无危（LC）

# 褐鸦雀
*Cholornis unicolor*

　　全长约21 cm。上体棕褐色，眉纹黑色，从眼先延伸到颈侧，头侧棕褐色，羽缘浅棕色，飞羽暗褐色，外翈表面染棕色；喉至上胸灰褐色，下体余部橄榄黄灰色。栖息于高海拔阔叶林下竹丛和灌草丛中。多结小群活动，有时也与其他小型鸟类混群。杂食性，以植物种子、果实以及昆虫等为食。我国分布于西藏、云南、四川、重庆，国外分布于尼泊尔、不丹、印度东北部、缅甸东北部。

莺鹛科 Sylviidae
中国评估等级：无危（LC）
世界自然保护联盟（IUCN）评估等级：无危（LC）

## 灰喉鸦雀
### *Sinosuthora alphonsiana*

    全长约13 cm。头顶至后颈栗褐色，脸侧褐灰略染栗色；背、腰和尾上覆羽及尾羽灰褐色，翅栗褐色；颏、喉部灰色，胸至腹部灰白色，两胁灰褐色。栖息于中低海拔次生林、灌丛或农田中。喜结群、性活泼。主要以昆虫为食，兼食种子等植物性食物。我国分布于云南、四川、贵州、广西，国外分布于越南北部。

莺科 Sylviidae
中国评估等级：无危（LC）
世界自然保护联盟（IUCN）评估等级：无危（LC）

## 褐翅鸦雀
*Sinosuthora brunnea*

　　全长约12.5 cm。前额、头顶和头侧及后颈和颈侧栗红色；体背橄榄褐色，翅和尾羽褐色；颏、喉、胸葡萄红色，具栗色细纹，下体余部皮黄色，两胁沾橄榄褐色。栖息于山坡稀树灌丛或灌丛草地中。常结群活动。食物以昆虫为主，也吃种子、草籽等植物性食物。我国分布于云南、四川，国外分布于缅甸东北部。

莺鹛科　Sylviidae
中国评估等级：无危（LC）
世界自然保护联盟（IUCN）评估等级：无危（LC）

## 暗色鸦雀
*Sinosuthora zappeyi*

全长约13 cm。前额、头顶至后颈暗灰色，具羽冠，颊、耳羽及颈侧灰色，眼圈白色；上背淡灰色，下背、翅及尾上覆羽棕褐色，尾羽灰褐色；下体淡灰色，腹以下和两胁淡棕褐色。栖息于高山箭竹丛和杜鹃灌丛中，常结群活动。以昆虫及植物种子为食。中国特有鸟类，分布于四川、贵州、云南。

莺鹛科 Sylviidae
中国保护等级：II级
中国评估等级：易危（VU）
世界自然保护联盟（IUCN）评估等级：易危（VU）

## 黄额鸦雀
*Suthora fulvifrons*

　　全长约12 cm。头顶中央、眉纹、头侧和颈侧黄褐色，侧冠纹褐灰色；上体淡橄榄褐色，略染黄色，翅和尾羽黑褐色，次级飞羽和外侧尾羽羽缘栗色；喉和胸茶黄色，其余下体近白色。栖息于混交林林缘、灌木林、竹林和杜鹃林中。多结小群活动，有垂直迁移的习性。以植物性食物和昆虫为食。我国分布于陕西、西藏、云南、四川，国外分布于尼泊尔、不丹、印度东北部、缅甸东北部。

莺鹛科 Sylviidae
中国评估等级：无危（LC）
世界自然保护联盟（IUCN）评估等级：无危（LC）

## 黑喉鸦雀
*Suthora nipalensis*

　　全长约11 cm。上体大多为橙棕色，侧冠纹黑色，眉纹白色，后部沾棕色，颊纹白色，耳羽和颈侧灰色；翅黑色，初级飞羽和次级飞羽羽缘栗棕色，尾羽棕褐色，羽端灰褐色；颏和喉黑色，下体余部灰色。栖息于常绿阔叶林、竹林、次生林和灌木林中，多结小群在林下矮树枝和灌木丛间活动。主要以昆虫为食，也吃部分植物的幼芽、果实和种子。我国分布于西藏、云南，国外分布于尼泊尔、不丹、印度、缅甸、泰国、老挝、越南。

莺鸦科 Sylviidae
中国评估等级：数据缺乏（DD）
世界自然保护联盟（IUCN）评估等级：无危（LC）

## 金色鸦雀
*Suthora verreauxi*

全长约11 cm。头顶橘黄色，具白色短眉纹，眼周灰色，颊纹白色；耳羽橙棕色；上体赭黄色，翅黑色，具橘黄色翅斑，尾羽黑褐色，羽缘橘黄色；颏和喉黑色，胸和腹部淡棕白色，两胁棕黄色。栖息于山区常绿阔叶林、竹林和灌丛中。结群活动。以昆虫和植物果实、种子为食。我国分布于陕西、云南、四川、贵州、湖北、湖南、江西、福建、广东、广西、台湾，国外分布于缅甸、老挝和越南。

莺鹛科 Sylviidae
中国评估等级：近危（NT）
世界自然保护联盟（IUCN）评估等级：无危（LC）

# 黑眉鸦雀
*Chleuasicus atrosuperciliaris*

　　全长约15 cm。头顶、头侧、后颈和颈侧栗红色，具短的黑色眉纹，眼圈灰白色；上体背面棕橄榄褐色，翅棕褐色，尾褐色；下体黄白色。栖息于常绿阔叶林和竹林中。多结小群在林下灌丛和草丛间活动。以昆虫和植物性食物为食。我国分布于西藏、云南，国外分布于不丹、印度东北部、缅甸、老挝、泰国西北部、越南北部。

莺鹛科 Sylviidae
中国评估等级：无危（LC）
世界自然保护联盟（IUCN）评估等级：无危（LC）

## 红头鸦雀
*Psittiparus ruficeps*

　　全长约19 cm。头和上背及颈侧栗红色，眼圈皮肤浅蓝色；上体背面及尾羽橄榄褐色，翅褐色，羽缘淡棕色；下体淡皮黄色。栖息于常绿阔叶林、竹林、灌丛及高草丛中。结小群活动，有时也与其他小鸟混群。食物主要为昆虫和植物种子。我国分布于西藏东南部、云南西部，国外分布于不丹和印度东北部。

莺鹛科 Sylviidae
中国评估等级：无危（LC）
世界自然保护联盟（IUCN）评估等级：无危（LC）

# 灰头鸦雀
*Psittiparus gularis*

　　全长约18 cm，嘴橙黄色。头部灰色，眉纹黑色，从前额向后直达颈侧；体背面包括翅和尾棕褐色；喉中央黑色，下体黄白色，两胁沾棕色。栖息于常绿阔叶林、次生林、竹林及林下灌丛中。喜结小群活动，取食昆虫和植物的果实、种子。我国主要分布在长江以南地区，国外分布于喜马拉雅山脉东段、中南半岛北部。

莺鹛科 Sylviidae
中国保护等级：无危（LC）
世界自然保护联盟（IUCN）评估等级：无危（LC）

## 点胸鸦雀
*Paradoxornis guttaticollis*

全长约18 cm。头顶及后颈栗棕色，眼先、耳羽和颊后部黑色，眼后和眼下近白色；上体背、肩及翅和尾羽棕褐色；下体淡皮黄色，喉和胸部具黑褐色点斑。栖息于开阔的山坡灌丛、矮竹丛或稀树草坡。常结小群活动。以昆虫等动物性食物为主，也吃一些果实、种子等植物性食物。我国分布于陕西、甘肃、云南、四川、贵州、江西、福建、广东、广西，国外分布于印度东北部、老挝北部和越南北部。

莺鹛科 Sylviidae
中国评估等级：无危（LC）
世界自然保护联盟（IUCN）评估等级：无危（LC）

## 栗耳凤鹛
*Yuhina castaniceps*

　　全长约13 cm。前额至头顶褐灰色，头顶具棕色羽冠，羽冠下方奶白色，耳羽栗色并有白色羽干纹；背、肩、腰和尾上覆羽橄榄灰褐色，具白色羽干纹，翅和尾暗褐色，外侧尾羽具白色端斑；下体灰白色，两胁浅褐色。栖息于常绿阔叶林、混交林和稀树灌丛中。杂食性，主要取食昆虫，也吃种子、草籽等。我国分布于西藏、云南，国外分布于不丹、印度东北部、孟加拉国东南部、缅甸、泰国西北部。

绣眼鸟科 Zosteropidae
中国评估等级：无危（LC）
世界自然保护联盟（IUCN）评估等级：无危（LC）

## 栗颈凤鹛
*Yuhina torqueola*

　　全长约13 cm。前额至头顶褐灰色，头顶羽冠短，深灰色并具深色条纹，颊、耳羽和颈侧栗色并有白色羽干纹；其余体征似栗耳凤鹛。栖息于常绿阔叶林、混交林和稀树灌丛中。除繁殖季节外多结小群活动，也和绣眼等小鸟混群。杂食性，主要取食昆虫，兼食果实、种子、花和草籽等植物性食物。我国分布于西南、华中、华东、华南等地区，国外分布于泰国东北部、老挝北部、越南北部。

绣眼鸟科 Zosteropidae
中国评估等级：无危（LC）
世界自然保护联盟（IUCN）评估等级：无危（LC）

# 黄颈凤鹛
*Yuhina flavicollis*

　　全长约13 cm。额、头顶和羽冠暗褐色，头侧和枕部褐灰色，颈部锈黄色，形成领环，颚纹黑色；体背面及翅和尾羽橄榄褐色；颏、喉和胸白色并具暗褐色细纹，下体余部黄褐色，胸腹两侧具白色纵纹。栖息于山区常绿阔叶林、次生林和山坡灌丛中。常结小群或与其他小型鸟类混群活动。杂食性，以昆虫和植物果实、草籽等为食。我国分布于西藏、云南，国外分布于喜马拉雅山脉至中南半岛北部。

绣眼鸟科　Zosteropidae
中国评估等级：无危（LC）
世界自然保护联盟（IUCN）评估等级：无危（LC）

## 纹喉凤鹛
*Yuhina gularis*

　　全长约14 cm。羽冠暗褐色，头侧和后颈灰褐色，背、翅上覆羽和尾羽橄榄褐色，翅黑褐具橙黄色翅斑；颏、喉至胸淡葡萄酒色，喉部具黑色细纵纹，腹部至尾下覆羽暗橙黄色。栖息于山地阔叶林、混交林、竹林、灌丛中，有垂直迁移的习性。常结小群活动，或与其他小鸟混群。主要取食果实、种子、花、花蜜等植物性食物，兼食昆虫等动物性食物。我国分布于西藏、云南、四川，国外分布于印度北部、尼泊尔、不丹、缅甸西北部、老挝北部和越南北部。

绣眼鸟科 Zosteropidae
中国评估等级：无危（LC）
世界自然保护联盟（IUCN）评估等级：无危（LC）

## 白领凤鹛
*Yuhina diademata*

全长约16 cm，体羽大多呈土褐色。前额和头顶羽冠暗褐色，眼后至枕侧和后枕白色，形成明显的领圈，耳羽暗褐色并具淡褐色纵纹，眼先、颏至上喉黑色；翅黑褐色具灰白色羽缘；腹和尾下覆羽白色。栖息于山地阔叶林、针阔混交林、竹林及稀树灌丛中。多结小群在树上枝叶间活动。以植物果实、种子和昆虫等为食。我国分布于陕西、甘肃、云南、四川、重庆、贵州、湖北、广西，国外分布于缅甸东北部和越南北部。

绣眼鸟科 Zosteropidae
中国评鸟等级：无危（LC）
世界自然保护联盟（IUCN）评估等级：无危（LC）

## 棕臀凤鹛
*Yuhina occipitalis*

　　全长约13 cm。羽冠前部褐灰色具灰白色羽轴，后部和枕部栗棕色，后颈灰色，颊纹黑色，耳羽灰褐色；背、肩和尾上覆羽橄榄褐色，翅和尾羽暗褐色；颈侧、喉和胸部葡萄红褐色，腹部和尾下覆羽棕黄色。栖息于湿性常绿阔叶林、针阔混交林和林缘灌丛等生境中。常结小群或与其他鸟类混群，主要在树冠层枝叶间，也常下到林下灌木丛和竹丛中活动。主要取食昆虫，也吃植物果实。我国分布于西藏、云南、四川，国外分布于尼泊尔、印度东北部、不丹、缅甸北部。

绣眼鸟科 Zosteropidae
中国评估等级：无危（LC）
世界自然保护联盟（IUCN）评估等级：无危（LC）

## 黑颏凤鹛
*Yuhina nigrimenta*

　　全长约10 cm。额及羽冠黑色，具灰色鳞状斑，眼先黑色，头侧和后颈灰色；体背、翅和尾羽橄榄褐色；颏黑色，喉部白色，下体余部黄褐色。栖息于常绿阔叶林及灌丛间，有季节性垂直迁移的习性。常结小群，有时也与其他小鸟混群活动。食物以种子、花蜜等植物性食物为主，也吃昆虫等动物性食物。我国分布于西藏、四川、贵州、湖北、湖南、浙江、福建、广东，国外分布于印度北部、尼泊尔、不丹、缅甸西北部、老挝北部、越南和柬埔寨。

绣眼鸟科 Zosteropidae
中国评估等级：无危（LC）
世界自然保护联盟（IUCN）评估等级：无危（LC）

# 红胁绣眼鸟
*Zosterops erythropleurus*

　　全长约11 cm。头部黄绿色，眼先黑色，具明显的白色眼圈；背、肩和尾上覆羽暗绿色，翅和尾暗褐色；喉及前胸淡黄色，后胸和腹部中央近白色，两胁栗红色，尾下覆羽鲜黄色；雌雄羽色相似，但雌鸟胁部的栗红色较淡。栖息于阔叶林、混交林、针叶林及次生林中，也见于村寨附近的树上。常结群活动。主要以昆虫为食，兼食杂草种子。在我国繁殖于东北地区和华北地区东北部，在西南地区越冬，迁徙时经过东部和中部大部分地区，国外在俄罗斯东南部为繁殖鸟，朝鲜半岛为旅鸟，中南半岛北部为冬候鸟。

绣眼鸟科 Zosteropidae
中国保护等级：II 级
中国评估等级：无危（LC）
世界自然保护联盟（IUCN）评估等级：无危（LC）

## 暗绿绣眼鸟
### *Zosterops simplex*

全长约11 cm。头及上体草绿色，具明显的白色眼圈，眼先黑色；翅和尾暗褐色，羽缘草绿色；喉及上胸淡黄色，下胸和胁部灰白色，腹部中央近白色，尾上和尾下覆羽黄色。栖息于阔叶林、针叶林、竹林及次生林等森林中，也见于果园、林缘和村寨附近。除繁殖期外常结群活动。以昆虫和植物浆果、杂草种子等为食。繁殖期3—8月，每窝产卵3～4枚。我国华北地区至华中地区北部以及西南地区北部为夏候鸟，此区域以南地区为留鸟，国外分布于日本、韩国、老挝、越南、泰国。

学眼雀科 / 绣眼鸟属
中国评估等级：无危（LC）
世界自然保护联盟（IUCN）评估等级：无危（LC）

## 灰腹绣眼鸟
*Zosterops palpebrosus*

　　全长约11 cm。上体黄绿色，眼先黑色，具明显的白色眼圈；翅褐色，尾羽暗褐色；颏、喉及上胸和尾下覆羽鲜黄色，下胸及胁部灰色，腹部中央灰白色，略染黄色。栖息于山地灌丛及常绿阔叶林和次生林中。成小群活动，常与暗绿绣眼鸟等小型鸟类混群。主要取食昆虫，兼食植物的花蜜和果实等。我国分布于西藏、云南、四川、贵州、广西，国外分布于南亚、东南亚。

绣眼鸟科 Zosteropidae
中国评估等级：无危（LC）
世界自然保护联盟（IUCN）评估等级：无危（LC）

## 戴菊
### *Regulus regulus*

　　全长约9 cm。雄鸟头顶中央具橙黄色顶冠，两侧缘以黑色侧冠纹，额基至眼周淡棕白色，颊、耳羽和颈侧灰橄榄绿色；上体橄榄绿色，后颈至上背沾灰色，翅和尾黑褐色，翅上有两道淡黄色翅斑；下体淡灰沾黄色。雌鸟头顶中央呈黄色，余部与雄鸟相似。栖息于山地森林，常结小群在树冠顶部的枝叶间或灌丛中活动。主要以昆虫等无脊椎动物为食，兼吃植物种子。我国在新疆以及东北、西南地区繁殖，在东南沿海地区越冬，国外分布于欧洲以及中亚东部、西亚北部、南亚北部和东亚。

**278**

## 丽星鹩鹛
*Elachura formosa*

全长约10 cm。头部、后颈至背和肩羽暗褐色，散布白色点斑；翅和尾羽棕红褐色，具黑褐色横斑；下体皮黄褐色，满布黑褐色蠹状斑及白色点斑。栖息于亚热带常绿阔叶林，多见单个或成对在茂密的林下灌丛和草丛中活动，行为隐秘。以昆虫为食。繁殖期4—5月，每窝产卵3~4枚。我国分布于西藏、云南、贵州、湖南、浙江、福建，国外分布于尼泊尔、不丹、印度东北部、缅甸西部和北部、老挝东北部、越南西北部。

丽星鹩鹛科 Elachuridae
中国评估等级：近危（NT）
世界自然保护联盟（IUCN）评估等级：无危（LC）

**279**

## 鹪鹩
*Troglodytes troglodytes*

全长约10 cm，通体棕褐色，密布黑褐色横斑。眉纹黄白色，颊和耳羽黑褐色，具棕白色细纹。栖息于山地阔叶林、混交林、针叶林、竹林及苔原地带，有垂直迁移的习性。性隐蔽，常单独或成对在茂密的灌丛或地面阴湿处活动。食物以昆虫为主，也吃一些植物性食物。我国几乎全境都有分布，国外分布于全北界及非洲西北部。

鹪鹩科　Troglodytidae
中国红色名录等级：无危（LC）
世界自然保护联盟（IUCN）濒危等级：无危（LC）

# 栗臀鸸
*Sitta nagaensis*

　　全长约13 cm。额基、眼先、眼后至颈侧黑色，形成显著的黑色眼纹；自头顶部至尾上覆羽及中央尾羽灰蓝色，飞羽和外侧尾羽黑褐色；脸侧、颏、喉及下体灰白色，稍染淡棕黄色，胁、肛周和尾下覆羽深栗色，尾下覆羽两侧具白斑。栖息于山区常绿阔叶林、针叶林和针阔混交林中。除繁殖季节多结群活动，性活泼，善于在树干上攀行。以昆虫为食。我国分布于西藏、云南、四川、贵州、福建，国外分布于印度东北部、缅甸、泰国西北部、老挝、越南。

鸸科 Sittidae
中国评估等级：无危（LC）
世界自然保护联盟（IUCN）评估等级：无危（LC）

## 栗腹䴓
### *Sitta cinnamoventris*

　　全长约14 cm。雄鸟黑色眼纹自额基、眼先、眼后延伸至颈侧，颏、颊和耳羽白色，羽端微黑色；自头顶部至尾上覆羽及中央尾羽灰蓝色，翅和外侧尾羽黑褐色；下体栗红色，尾下覆羽黑色而具白端。雌鸟下体淡黄栗色，余部与雄鸟相似。栖息于阔叶林及沟谷林中。多结小群活动，善于在树干上攀行。主要以昆虫为食。我国分布于西藏、云南，国外分布于喜马拉雅山脉至中南半岛北部。

䴓科 Sittidae
中国评估等级：无危（LC）
世界自然保护联盟（IUCN）评估等级：无危（LC）

## 白尾䴓
*Sitta himalayensis*

全长约12 cm。雄鸟头侧黑纹自额基、眼先、眼后沿颈侧延伸至肩，颏、喉、颊和耳羽棕白色；头顶部至翅上覆羽和尾上覆羽灰蓝色，翅暗褐色，中央尾羽灰蓝色，基部白色，外侧尾羽纯黑色；颈侧及下体棕黄色，两胁及尾下覆羽棕红色。雌鸟下体色略淡，余部与雄鸟相似。栖息于阔叶林、针阔混交林或针叶林。单独或结小群活动，善于在树干上攀行。以昆虫为食。我国分布于西藏、云南，国外分布于印度北部、尼泊尔、不丹、缅甸、老挝北部、越南西北部。

䴓科 Sittidae
中国评估等级：近危（NT）
世界自然保护联盟（IUCN）评估等级：无危（LC）

## 滇䴓
### *Sitta yunnanensis*

　　全长约12 cm。雄鸟黑色贯眼纹由额基、眼先伸达颈侧，其上具狭窄的白色眉纹、脸侧、颈侧及颏、喉淡棕白色；上体自头顶部至尾上覆羽及中央尾羽灰蓝色，翅和外侧尾羽黑褐色；下体余部淡灰棕色。雌鸟上体蓝色略浅淡，额基白色沾棕色，余部与雄鸟相似。栖息于针叶林或针阔混交林中。性活泼，多单独或结群活动，善于在树干上攀行，觅食昆虫。中国特有鸟类，分布于西藏、云南、四川、贵州。

䴓科　Sittidae
中国保护等级：II级
中国濒危等级：易危（VU）
世界自然保护联盟（IUCN）评估等级：近危（NT）

## 绒额鸭
*Sitta frontalis*

　　全长约13 cm。雄鸟前额和眼先绒黑色，黑色眉纹延伸至颈侧，耳羽淡紫色，头顶至背、肩及翅和中央尾羽表面紫蓝色，飞羽和外侧尾羽黑色；额、喉部白色，下体淡葡萄棕色。雌鸟无黑色眉纹，下体多葡萄紫色，余部与雄鸟相似。栖息于山地沟谷的阔叶林或针阔混交林中。多单独或结小群活动，性活泼，动作敏捷，常见其沿树干上下攀行，觅食树皮缝隙中的昆虫，偶尔也吃一些浆果等植物性食物。我国分布于西藏、云南、贵州、广东、广西，国外分布于南亚东部和东南亚。

鸭科 Sittidae
中国评估等级：数据缺乏（DD）
世界自然保护联盟（IUCN）评估等级：无危（LC）

**285**

# 巨鸸
*Sitta magna*

　　全长约19 cm。头顶至后颈灰白色，头侧具宽阔的黑色贯眼纹，脸侧、颈侧及颏、喉部灰白色，肩、背羽至尾上覆羽和中央尾羽石板蓝灰色，翅黑褐色；下体灰色沾浅蓝色，两胁深灰色，肛周及尾下覆羽深栗色，尾下覆羽具白色羽端。栖息于山区阔叶林或针阔混交林。多在树干高处攀行。食物主要为昆虫，兼食植物果实。我国分布于云南、四川、贵州，国外分布于缅甸、泰国。

鸸科 Sittidae
中国保护等级：Ⅱ级
中国评估等级：濒危（EN）
世界自然保护联盟（IUCN）评估等级：濒危（EN）

# 丽䴓
*Sitta formosa*

　　全长约16 cm。前额、头顶至后颈亮黑色，羽端钴蓝色，颈侧白色羽端形成细纵纹，额基、脸部及喉淡棕白色；上背黑色具辉蓝色肩斑，下背至尾上覆羽钴蓝色，翅黑色，具蓝色和白色翅斑，中央尾羽紫蓝色，其余尾羽黑色；胸、腹、两胁及尾下覆羽棕栗色。栖息于热带雨林、季雨林和山地常绿阔叶林中，成对或结小群在沟谷乔木树顶上活动。食物主要为昆虫。我国分布于西藏、云南，国外分布于不丹、印度、缅甸、老挝、泰国、越南。

䴓科 Sittidae
中国保护等级：Ⅱ级
中国评估等级：濒危（EN）
世界自然保护联盟（IUCN）评估等级：易危（VU）

# 红翅旋壁雀
*Tichodroma muraria*

　　全长约17 cm。头顶至背、肩羽和尾上覆羽均呈灰色，翅黑色，具红色斑纹和白斑，尾羽黑色，基部染粉红，外侧尾羽具白色次端斑；颏、喉部纯白色，下体深灰色。栖息于开阔河谷地带。多单个或成对活动，善在岩崖峭壁上攀爬，觅食岩壁缝隙中的昆虫。我国分布于新疆、西藏、青海、甘肃、宁夏、内蒙古、四川、河北、北京、河南、陕西、湖北、江西、安徽、江苏、云南、福建、广东，国外分布于欧洲南部和东部、亚洲中部和南部。

䴓科 Sittidae
中国评估等级：无危（LC）
世界自然保护联盟（IUCN）评估等级：无危（LC）

## 高山旋木雀
*Certhia himalayana*

全长约15 cm。眉纹棕白色，眼先黑色；上体黑褐色，杂以灰白色斑，腰锈红色，翅、尾羽棕褐色，具黑褐色横纹；下体灰棕色，颏、喉部色淡。栖息于高山针叶林、针阔混交林及灌丛中，冬季也见于海拔较低的坝区。多单个或成对活动，主要在树干上觅食昆虫。我国分布于陕西、甘肃、西藏、青海、云南、四川、贵州，国外分布于吉尔吉斯斯坦、塔吉克斯坦、乌兹别克斯坦、阿富汗、巴基斯坦、印度、尼泊尔、缅甸。

旋木雀科 Certhiidae
中国评估等级：无危（LC）
世界自然保护联盟（IUCN）评估等级：无危（LC）

**289**

## 休氏旋木雀
*Certhia manipurensis*

　　全长约15 cm。眉纹皮黄色，眼先、颊和耳羽黑褐色；上体棕褐色，杂以白色斑纹，腰和尾上覆羽锈赤褐色，尾羽红褐色；颏、喉和胸土褐色，腹部和两胁灰褐色，尾下覆羽浅红褐色。栖息于阔叶林和针阔叶混交林中。多单独或成对活动，在乔木树干上作螺旋状攀缘觅食。以昆虫为主要食物。我国分布于云南，国外分布于印度东北部、缅甸、老挝北部、泰国西北部和越南。

旋木雀科 Certhiidae
中国评估等级：无危（LC）
世界自然保护联盟（IUCN）评估等级：无危（LC）

# 四川旋木雀
*Certhia tianquanensis*

　　体长约12 cm，外形似其他旋木雀，但本种喙短，尾长。上体栗褐色，杂以浓棕色纵纹；额、喉白色，胸、腹和上胁均为灰棕色。栖息于高山原始混交林或针叶林中，常在大树的主干或枝条上觅食，受惊时仅做短距离飞行后停栖到另一树上。主要以昆虫为食。中国特有鸟类，分布于四川、陕西。

旋木雀科 Certhiidae
中国保护等级：Ⅱ级
中国评估等级：易危（VU）
世界自然保护联盟（IUCN）评估等级：无危（LC）

# 鹩哥
*Gracula religiosa*

　　全长约29 cm，嘴橘红色，通体黑色并具紫蓝色金属光泽。眼后下方有黄色裸皮，头部后枕两侧具黄色肉垂；翅上具白斑，飞行时尤为明显。栖息于山区常绿阔叶林及稀树草地，也见于开阔的田坝区和村寨附近的树林中。多成对或结群活动。主要取食昆虫，也吃植物果实、种子和草籽。繁殖期3—7月，在树洞中营巢，每窝产卵2～3枚。鹩哥叫声响亮多变，善于效鸣，是有名的笼养鸟。我国分布于云南、广东、广西、海南，国外分布于喜马拉雅山脉中段至中南半岛、大巽他群岛、巴拉望岛。

中文名：鹩哥
中国分类学等级：雀形目
中国评估等级：易危（VU）
世界自然保护联盟（IUCN）评估等级：无危（LC）
濒危野生动植物种国际贸易公约（CITES）附录：附录Ⅱ

# 林八哥
*Acridotheres grandis*

　　全长约26 cm，通体羽毛亮黑色，嘴橙黄色。额基部具较长的矛状羽冠；翅上具白斑，尾羽具白色端斑；臀部白色。栖息于开阔河谷村寨附近的树林和林缘地带，常见成对或结群在草地、农耕地以及家畜周围活动和觅食。杂食性，以植物果实、种子和昆虫为食。繁殖期4—8月，巢筑于树洞、墙洞或天然岩缝中，每窝产卵3～5枚。我国分布于西藏、云南、广西，国外分布于喜马拉雅山脉东部至中南半岛。

椋鸟科 Sturnidae
中国评估等级：无危（LC）
世界自然保护联盟（IUCN）评估等级：无危（LC）

## 八哥
*Acridotheres cristatellus*

全长约26 cm，通体黑色，嘴淡黄色。头部略具绿色金属光泽，额基部具明显羽簇；翅上具白斑，尾羽端部白色，尾下覆羽具黑白相间的横纹。栖息于山地林缘及村寨附近。喜结群活动，常在耕牛后面啄食被犁锄翻出的蚯蚓和昆虫，有时也见站立在家畜背上啄食寄生虫。繁殖期4—8月，在树洞、墙洞或岩缝中筑巢，通常每窝产卵4～5枚。我国主要分布于秦岭以南广大地区，包括海南、台湾，国外分布于中南半岛北部和东部，已引种至世界多地。

椋鸟科 Sturnidae
中国评估等级：无危（LC）
世界自然保护联盟（IUCN）评估等级：无危（LC）

## 家八哥
*Acridotheres tristis*

　　全长约25 cm，嘴黄色。头部黑色，具蓝色金属光泽，眼周裸露皮肤黄色；体背面棕褐色，尾上覆羽灰褐色，翅和尾黑色，翅上具白斑，尾羽端部白色；颈部及颏、喉和上胸黑灰色，下体余部灰棕褐色，尾下覆羽白色。栖息于坝区和村寨附近的高大阔叶树上，常结群在地面活动和觅食。食物主要为昆虫、果实和种子。繁殖期4—8月，在树洞、墙洞或岩缝等处筑巢，每窝产卵4~5枚。我国分布于新疆、西藏、云南、广西、海南，国外分布于中亚、南亚和东南亚。

椋鸟科 Sturnidae
中国评估等级：无危（LC）
世界自然保护联盟（IUCN）评估等级：无危（LC）

## 红嘴椋鸟
*Acridotheres burmannicus*

全长约25 cm，嘴红色。头和颈部近白色，贯眼纹黑色；上体背面灰褐色、初级飞羽和尾羽黑色，飞羽基部和外侧尾羽端部白色；喉部和前胸污白色，胸、腹部及两胁粉棕色，尾下覆羽白色。栖息于热带森林和河谷耕作区。常结群活动。主要以昆虫为食，也吃少量野果。我国分布于云南，国外分布于缅甸。

椋鸟科 Sturnidae
中国评估等级：无危（LC）
世界自然保护联盟（IUCN）评估等级：无危（LC）

## 丝光椋鸟
*Spodiopsar sericeus*

　　全长约24 cm，嘴红色。雄鸟头部白色，颏、喉部近白色；上体深灰色，翅和尾羽黑色，具蓝绿色金属光泽，飞羽基部白色；胸、腹和两胁灰白色，尾下覆羽白色。雌鸟头部为灰白色，体色较暗淡，余部与雄鸟相似。栖息于阔叶林和针阔混交林区，也见于果园、农耕区及村落附近的疏林中。多结小群活动，迁徙时可结成大群。以昆虫等动物性食物为主，也吃种子、果实等植物性食物。我国分布于南方地区，包括海南、台湾，国外分布于越南北部。

椋鸟科 Sturnidae
中国评估等级：无危（LC）
世界自然保护联盟（IUCN）评估等级：无危（LC）

# 灰椋鸟
*Spodiopsar cineraceus*

全长约24 cm。雄鸟头顶和颈部黑色，前额和头侧白色具黑纹；背、肩、腰和翅上覆羽灰褐色，翅和尾黑褐色，飞羽具白色羽缘；喉和上胸黑色，下胸和两胁灰褐色，腹部中央至尾下覆羽纯白色。雌鸟羽色与雄鸟相似，但胸和腹部多呈淡褐色。栖息于山区或平原的疏林和灌丛地带，也见于农田和居民区附近。除繁殖季节外多结群活动。以昆虫和植物果实等为食。繁殖期5—7月，在树洞等洞穴中筑巢，每窝产卵5～7枚。我国分布于除西藏外的地区，国外分布于俄罗斯、蒙古国、朝鲜、韩国、日本及越南北部。

椋鸟科 Sturnidae
中国评估等级：无危（LC）
世界自然保护联盟（IUCN）评估等级：无危（LC）

**299**

## 黑领椋鸟
*Gracupica nigricollis*

　　全长约28 cm。头部及颏、喉白色，眼周黄色，后颈、颈侧至胸部黑色，形成显著的黑色领环；上体余部黑褐色，翅上具白斑，腰及尾端白色，尾上覆羽暗褐色；下体自领环以下白色。栖息于开阔地林缘和村落附近的农田、稀树林内。常成对或结群活动，有时也与八哥等鸟类混群。食物主要为植物果实、种子、草籽和昆虫。繁殖期3—8月，在高大树木的枝杈间筑巢，每窝产卵4~5枚。我国分布于云南、广西、广东、福建，国外分布于中南半岛。

椋鸟科 Sturnidae
中国评估等级：无危（LC）
世界自然保护联盟（IUCN）评估等级：无危（LC）

## 斑椋鸟
*Gracupica contra*

　　全长约24 cm。额、头顶和颈部黑色，前额杂以白纹，头侧白色，眼周橘黄色；上体黑色或暗褐色，翅上具白斑，腰白色；颏、喉至上胸黑色，下胸、腹部至尾下覆羽灰白或灰褐色。栖息于热带和亚热带地区的低海拔开阔地带。多结群或与八哥等其他椋鸟混群在村寨附近的农耕地和树林中活动。取食果实和昆虫，也啄食家畜体外的寄生虫。我国分布于云南，国外分布于南亚次大陆北部、中南半岛北部和西部。

椋鸟科 Sturnidae
中国评估等级：无危（LC）
世界自然保护联盟（IUCN）评估等级：无危（LC）

**301**

## 灰头椋鸟
*Sturnia malabarica*

　　全长约20 cm。头和颈部灰白色，头顶和枕部羽毛较长，呈矛状；背、肩羽和翅上覆羽灰色沾棕色，翅亮黑色，羽端灰棕色，尾上覆羽和中央尾羽灰褐色，外侧尾羽基部黑色，羽端栗色；下体近白色而缀有浅棕黄色，两胁和尾下覆羽深棕黄色。栖息于常绿阔叶林、次生林和林缘地带，也见于农田、果园及村寨附近的树木、灌丛等处。结群活动。杂食性，以植物果实、种子和昆虫为食。繁殖期4—7月，营巢于树洞中，每窝产卵3~5枚。我国分布于西藏、云南、四川、贵州、广西，国外分布于南亚次大陆和中南半岛。

椋鸟科 Sturnidae
中国评估等级：无危（LC）
世界自然保护联盟（IUCN）评估等级：无危（LC）

## 紫翅椋鸟
*Sturnus vulgaris*

全长约21 cm。通体黑色，闪紫色和绿色金属光泽，满布近白色星状点斑；翅和尾羽黑褐色，具淡褐色羽缘。栖息于果园、耕地及村落附近的树丛中，常停息在树梢或较高的树枝上。多结小群活动，冬季集大群迁徙。主要以昆虫为食，偶尔也取食植物果实和种子。繁殖期5—6月，在洞穴中营巢，每窝产卵4~5枚。我国大部分地区都有记录，原分布于欧洲、北非、中亚、西亚和南亚北部；现已引入世界多地，扩散范围较广。

椋鸟科 Sturnidae
中国评估等级：无危（LC）
世界自然保护联盟（IUCN）评估等级：无危（LC）

## 橙头地鸫
*Geokichla citrina*

　　全长约20 cm。雄鸟头和颈部及下体橙黄色；肩、背及翅上覆羽和尾上覆羽蓝灰色，翅黑褐色具蓝灰色羽缘，尾羽暗褐色；肛周和尾下覆羽白色。雌鸟背部为橄榄灰色，头及下体色较淡。栖息于山地阔叶林和林缘灌丛中。多单个或成对活动，在地面或树上觅食昆虫等小型无脊椎动物，也吃植物核果或草籽。我国分布于西藏、云南、贵州、广西、海南、广东、香港、澳门、湖北、江西、安徽、福建，国外分布于喜马拉雅山脉至中南半岛、爪哇岛。

鸫科 Turdidae
中国脊椎动物 无危 (LC)
世界自然保护联盟 (IUCN) 评估等级：无危 (LC)

**304**

## 淡背地鸫
*Zoothera mollissima*

　　全长约26 cm。眼先、颊和耳羽黑褐色，具皮黄色斑
纹，耳羽后缘有一黑色块斑；上体橄榄褐色，翅和尾羽黑
褐色，翅上无翼斑，最外侧尾羽羽端白色；颏、喉、胸和
两胁皮黄色，具黑色鳞状斑，腹部中央近白色，羽端黑
色，尾下覆羽赭褐色。栖息于常绿阔叶林、针叶林以及低
矮的杜鹃灌丛或裸岩的坡地上，除繁殖期外多单个或成对
在林下或林缘地面活动。主要取食昆虫，有时也采食种子
和苔藓。我国分布于西藏、云南、四川，国外分布于喜马
拉雅山脉。

鸫科 Turdidae
中国评估等级：无危（LC）
世界自然保护联盟（IUCN）评估等级：无危（LC）

## 喜山淡背地鸫
*Zoothera salimalii*

　　似淡背地鸫，喜山淡背地鸫嘴较长，眼先明显黑色。我国分布于西藏、云南，国外分布于不丹、印度、尼泊尔三国交界地带以及越南北部。

鸫科（Turdidae）
中国评估等级：无危（LC）
世界自然保护联盟（IUCN）评估等级：无危（LC）

# 长尾地鸫
*Zoothera dixoni*

　　全长约26 cm。上体橄榄绿褐色，前额至头顶具白色细纹，头侧近白色，杂有黑褐色斑纹，耳羽后缘有一黑色块斑；翅上具两道皮黄褐色翼斑，尾较长，外侧尾羽具白色端斑；下体近白色，具淡黄色和黑褐色点斑。栖息于山地森林、竹林及灌丛中。常单个或成对或结小群活动，在林下的地面上觅食。杂食性，取食昆虫和植物果实。我国分布于西藏、云南、四川，国外分布于喜马拉雅山脉中段至中南半岛北部。

鸫科 Turdidae
中国评估等级：无危（LC）
世界自然保护联盟（IUCN）评估等级：无危（LC）

## 虎斑地鸫
*Zoothera aurea*

全长约27 cm。头部及上体橄榄黄褐色,满布皮黄色和黑色斑纹,耳羽后缘具黑斑;翅黑褐色,上有一道淡棕白色翼斑;下体近白色,也密布皮黄色和黑色鳞状斑,胸部黑斑较密。栖息于茂密森林的林下灌丛或山坡草地。常结小群活动,多在地面取食。主要取食昆虫,也吃植物种子。繁殖期4—8月,每窝产卵3~5枚。我国分布于除西藏、新疆西部以外的大部分地区,国外分布于俄罗斯、朝鲜、韩国、日本和东南亚各国。

鸫科 Turdidae
中国评估等级:无危(LC)
世界自然保护联盟(IUCN)评估等级:无危(LC)

## 长嘴地鸫
*Zoothera marginata*

　　全长约25 cm，嘴形长而下弯。头、颈两侧淡棕白色，具褐色羽缘，呈杂斑状；体背面暗褐色，体侧暗橄榄褐色，尾羽较短；颏、喉部中央近白色，体腹面皮黄色，具黑褐色鳞状斑，腹部中央淡黄白色。栖息于热带和南亚热带湿性常绿阔叶林。性隐蔽，常单个或成对活动，在林下灌丛或地面上觅食昆虫。我国分布于云南，国外分布于喜马拉雅山脉中段至中南半岛。

鸫科 Turdidae
中国评估等级：无危（LC）
世界自然保护联盟（IUCN）评估等级：无危（LC）

**309**

## 蓝大翅鸲
*Grandala coelicolor*

　　全长约21 cm。雄鸟通体紫蓝色并具金属光泽，眼先、翅和尾黑色；雌鸟上体暗褐色，头至上背具棕白色纵纹，翅上有白斑，下体褐色，具棕白色条纹。栖息于海拔较高的开阔林区、高山草甸、灌丛和山地多岩地带。常结大群活动。以昆虫和野果为食。我国分布于甘肃、西藏、青海、云南、四川、重庆，国外分布于巴基斯坦东北部、印度北部、尼泊尔、不丹、缅甸北部。

鸫科 Turdidae
中国濒危等级：无危（LC）
世界自然保护联盟（IUCN）评估等级：无危（LC）

## 灰背鸫
*Turdus hortulorum*

　　全长约20 cm。雄鸟上体蓝灰色，颊和耳羽灰橄榄褐色，具淡黄白色细纹；翅和尾羽暗褐色；颏、喉近白色，下喉至上胸淡灰色，散布黑褐色斑纹，胸侧及两胁橙棕色，腹部中央及尾下覆羽近白色。雌鸟上体橄榄褐色，胸侧及两胁橙黄色，余部与雄鸟相似。栖息于中低海拔地区的茂密森林及灌丛。常结群活动。取食昆虫等小型无脊椎动物及植物种子、果实等。繁殖期5—7月，营巢于小树枝杈上，巢呈碗状，每窝产卵3～5枚，由雌鸟孵化。我国除宁夏、西藏、青海外，其他地区均有分布，国外分布于俄罗斯、朝鲜、日本和越南北部。

## 黑胸鸫
*Turdus dissimilis*

　　全长约21 cm。雄鸟头、颈部及喉和胸部黑色，上体余部暗石板灰色，下胸和胁部橙棕色，腹部中央及尾下覆羽白色。雌鸟上体黄褐色，下体淡黄白色，喉部具黑褐色纵纹；胸部橄榄褐色，余部与雄鸟相似。栖息于低山丘陵地带的常绿阔叶林及针阔混交林内，多在林下灌丛、草地中活动。除繁殖期外常结小群活动。杂食性，取食昆虫等小型无脊椎动物和植物果实、草籽等。繁殖期5—6月，每窝产卵3～4枚。我国分布于云南、贵州、四川、广西，国外分布于印度东北部、孟加拉国、缅甸、泰国北部、老挝北部、越南西北部。

鸫科 Turdidae
中国评估等级：近危（NT）
世界自然保护联盟（IUCN）评估等级：无危（LC）

# 乌灰鸫
*Turdus cardis*

　　全长约21 cm。雄鸟头、颈及喉至胸部黑色，体背面乌灰色；胸侧具黑色点斑，两胁乌灰色，腹部至尾下覆羽白色。雌鸟上体橄榄褐色，胸侧至两胁赤褐色并有黑色点斑；下体余部白色。栖息于低海拔地区的森林和灌丛中。多单独活动，迁徙时结小群，在地面取食昆虫和果实。我国分布于河南、云南、四川、贵州、江苏、湖北、安徽、福建、广东、香港、澳门、广西、海南，国外繁殖于日本，越冬于越南和老挝。

鸫科 Turdidae
中国评估等级：无危（LC）
世界自然保护联盟（IUCN）评估等级：无危（LC）

**313**

# 白颈鸫
*Turdus albocinctus*

　　全长约27 cm。雄鸟头顶、头侧和后枕黑色，颈部及颏、喉和上胸白色，形成宽阔的白色领环；身体余部大多呈黑色。雌鸟头顶、头侧和后枕暗褐色，领环呈灰白色；背、腰及尾上覆羽暗棕褐色，翅和尾羽暗褐色；下体余部棕褐色。栖息于高山针叶林、杜鹃林及灌丛地带，有随季节做垂直迁移的习性。通常单独或成对活动。以昆虫、植物果实等为食。我国分布于西藏、云南、四川，国外分布于喜马拉雅山脉。

鸫科 Turdidae
中国生物多样性：无危（LC）
世界自然保护联盟（IUCN）评估等级：无危（LC）

**314**

## 灰翅鸫
*Turdus boulboul*

全长约26 cm。雄鸟体羽大多呈黑色，翅上具显著的灰白色翅斑，腰和尾上覆羽灰色，腹部和尾下覆羽狭缘色淡，具鳞状纹；雌鸟体羽橄榄褐色，翅具黄褐色翅斑。栖息于山地常绿阔叶林和灌丛地带。杂食性，通常在地面取食昆虫等小型无脊椎动物和植物果实。繁殖期5—8月，每窝产卵3～4枚。我国分布于西藏、云南、贵州、广西，国外分布于喜马拉雅山脉至中南半岛北部。

鸫科 Turdidae
中国评估等级：无危（LC）
世界自然保护联盟（IUCN）评估等级：无危（LC）

# 乌鸫
*Turdus mandarinus*

全长约26 cm。雄鸟上体黑色，嘴和眼圈橙黄色，下体黑褐色，额、喉具暗褐色纵纹；雌鸟黑褐色，喉、胸有暗色纵纹。栖息于阔叶林、次生林等森林中，常见于林缘或疏林、开阔的田坝区、村镇附近的果园和树林。多成对或结小群在地面活动，杂食性，以野果、种子和昆虫为食。繁殖期4—7月，每窝产卵4~6枚。我国分布于华北地区中部以及秦岭以南广大地区，国外分布于老挝、越南。

鸫科 Turdidae
中国评估等级：无危（LC）
世界自然保护联盟（IUCN）评估等级：无危（LC）

317

# 灰头鸫
*Turdus rubrocanus*

　　全长约25 cm。嘴和眼圈黄色，头、颈部及喉至上胸灰褐色；背、肩及胸和腹部棕栗色，翅、尾和尾下覆羽黑褐色，尾下覆羽具白色羽干纹和端斑。栖息于山地阔叶林、针阔混交林或沟谷灌丛及村寨附近的树林中。常在树上或林间落叶层中觅食果实、种子和昆虫。我国分布于陕西、甘肃、西藏、青海、云南、四川、重庆、湖北，国外分布于喜马拉雅山脉至中南半岛北部。

## 白眉鸫
*Turdus obscurus*

　　全长约23 cm。雄鸟头和颈部灰褐色，具白色眉纹和黑色贯眼纹，颊斑白色；体背面橄榄褐色，翅和尾羽暗褐色；颏白色，喉灰褐色，胸及两胁橙黄色，腹部至尾下覆羽白色。雌鸟颏和喉白色并有暗褐色纵纹，其余与雄鸟相似。栖息于山地较潮湿的森林中，秋冬季也见于林缘、灌丛、草地。取食昆虫等小型无脊椎动物，也吃植物果实和种子。繁殖期5—7月，每窝产卵4～6枚。我国见于东北、华北、华东、华南和西南地区，国外繁殖于俄罗斯，冬季至喜马拉雅山脉东段、中南半岛、马来群岛越冬。

鸫科 Turdidae
中国评估等级：无危（LC）
世界自然保护联盟（IUCN）评估等级：无危（LC）

## 赤颈鸫
*Turdus ruficollis*

全长约25 cm。雄鸟头顶、后颈至背和肩羽及尾上覆羽灰褐色，眉纹、颈侧、颏、喉及胸棕红色，翅和尾羽暗褐色；腹至尾下覆羽白色，胁部沾灰色。雌鸟棕红色部分较浅淡。栖息于山地森林、灌丛或山坡草地。秋、冬季常结小群活动于林缘和田间树上，取食昆虫、野果和杂草种子。繁殖期5—7月，每窝产卵4～5枚。我国分布于内蒙古、宁夏、甘肃、新疆、青海、云南、四川，国外繁殖于俄罗斯、蒙古国，冬季南迁至喜马拉雅山脉至中南半岛西北部越冬。

鸫科 Turdidae
中国评估等级：无危（LC）
世界自然保护联盟（IUCN）评估等级：无危（LC）

## 斑鸫
*Turdus eunomus*

全长约25 cm。头顶和背羽橄榄褐色，眉纹淡棕白色，颊和耳羽黑褐色；翅和尾黑褐色；下体近白色，胸和两胁有黑褐色鳞状斑。栖息于山坡草地、林缘、灌丛和次生阔叶林中。常结群活动。主要以昆虫为食，也吃植物种子。我国主要分布于华中、华东、华南和西南地区，国外繁殖于俄罗斯，冬季南迁至喜马拉雅山脉东段、中南半岛北部越冬。

鸫科 Turdidae
中国评估等级：无危（LC）
世界自然保护联盟（IUCN）评估等级：无危（LC）

## 宝兴歌鸫
*Otocichla mupinensis*

全长约23 cm。头顶和体背面橄榄褐色，眼周、颊、耳羽和颈侧淡棕黄白色，斑杂黑褐色细纹，耳羽端部黑色，在枕侧形成显著的黑色块斑；翅上具两道白色翼斑；体腹面白色，胸部微染皮黄色，各羽均具扇形或近圆形的黑褐色斑点。栖息于山地针阔混交林中。单独或成对活动，多在林下灌丛中或地上觅食，主要取食昆虫。繁殖期5—7月，每窝产卵4～6枚。中国特有鸟类，分布于北京、河北、山西、陕西、甘肃、青海、云南、四川、重庆、贵州、湖北、广西。

鸫科 Turdidae
中国保护等级：三危（LC）
世界自然保护联盟（IUCN）评估等级：无危（LC）

## 鹊鸲
*Copsychus saularis*

　　全长约20 cm。雄鸟上体、头侧、喉至胸部亮黑色并具蓝色金属光泽，翅上有一狭长的白色翼斑，外侧尾羽、腹及尾下覆羽白色；雌鸟上体灰褐色，喉至胸部灰色，余部与雄鸟相似。栖息于开阔的森林、次生林、农田、村落及城市庭院中。多单独或成对活动，停栖时尾羽常上翘。主要以昆虫为食，也吃野果和草籽。繁殖期4—7月，营巢于树洞、墙缝中，每窝产卵4~5枚。我国分布于秦岭以南广大地区，国外分布于南亚次大陆、中南半岛、大巽他群岛。

鹟科 Musclcapidae
中国评估等级：无危（LC）
世界自然保护联盟（IUCN）评估等级：无危（LC）

## 白腰鹊鸲
*Kittacincla malabarica*

全长约27 cm。雄鸟头、颈部及背和肩羽亮黑色并具蓝色金属光泽，翅和中央尾羽黑色，腰及尾上覆羽和外侧尾羽白色，喉至前胸亮黑色，下体余部栗红色；雌鸟头和背及喉至前胸暗灰褐色，后胸至尾下覆羽及两胁淡栗色，余部与雄鸟相似。栖息于常绿阔叶林、竹林及灌丛中。常单个或成对在林下地面活动，鸣叫时尾常上翘。食物主要为昆虫。繁殖期5—7月，在树洞内营巢，通常每窝产卵5枚。我国分布于西藏、云南、广西、海南，国外分布于南亚次大陆、中南半岛、大巽他群岛。

鹟科 Muscicapidae
中国评估等级：无危（LC）
世界自然保护联盟（IUCN）评估等级：无危（LC）

# 北灰鹟
## *Muscicapa dauurica*

　　全长约13 cm。上体灰褐色，翅和尾羽暗褐色；颏和喉白色，胸和两胁淡灰褐色，腹及尾下覆羽白色。栖息于针叶林、阔叶林及灌木丛中，多在林缘或河谷疏林地带活动。食物主要为昆虫。我国分布于东半部广大地区，国外分布于东亚、南亚和东南亚。

鹟科 Muscicapidae
中国评估等级：无危（LC）
世界自然保护联盟（IUCN）评估等级：无危（LC）

## 棕尾褐鹟
*Muscicapa ferruginea*

　　全长约12 cm。雄鸟头部暗灰褐色；背、腰至尾上覆羽锈红色，翅黑褐色，具栗红色羽缘，尾羽棕褐色；颏、喉近白色，下体余部黄褐色。雌鸟羽色较浅淡。栖息于山地阔叶林、针叶林、针阔混交林和林缘灌木丛林地带。多单独或成对活动。以昆虫为食。我国分布于陕西、甘肃、西藏、云南、四川、贵州、广西、海南、台湾，国外分布于南亚东北部和东南亚。

鹟科 Muscicapidae
中国保护级别：无危（LC）
世界自然保护联盟（IUCN）濒危等级：无危（LC）

## 白喉姬鹟
### *Anthipes monileger*

　　全长约13 cm。上体橄榄褐色，前额至眼上方具白色眉纹，翅和尾羽表面锈红色；颏和喉部纯白并具黑色边缘，形成明显的白色喉斑，头侧、颈侧和胸灰褐色，胸侧和两胁橄榄褐色，腹部中央和尾下覆羽白色。栖息于常绿阔叶林、次生林和林缘地带。常单独或成对，有时也成小群在林下灌丛和高草丛中活动。主要以昆虫为食。繁殖期4—6月，每窝产卵3~5枚。我国分布于西藏、云南，国外分布于喜马拉雅山脉东段、中南半岛北部。

鹟科 Muscicapidae
中国评估等级：无危（LC）
世界自然保护联盟（IUCN）评估等级：无危（LC）

**327**

# 纯蓝仙鹟
*Cyornis unicolor*

　　全长约17 cm。雄鸟上体纯蓝色，眼先暗蓝色；翅和尾暗褐色；下体灰蓝色，腹和两胁沾褐色，尾下覆羽灰白色。雌鸟上体橄榄黄褐色，眼先淡皮黄色；翅和尾暗褐色；喉、胸和腹部灰褐色，尾下覆羽淡皮黄色。栖息于山区常绿阔叶林、竹林和灌丛地带。常单独或成对活动。主要取食昆虫，也吃少量的植物果实和种子。我国分布于西藏、云南、广西、海南，国外分布于喜马拉雅山脉东段、中南半岛、大巽他群岛。

鹟科 Muscicapidae
中国评估等级：无危（LC）
世界自然保护联盟（IUCN）评估等级：无危（LC）

**328**

# 山蓝仙鹟
*Cyornis banyumas*

全长约15 cm。雄鸟上体暗蓝色，前额、眉纹和翅角小覆羽辉蓝色，额基和眼先、颊和耳羽及颈侧黑色；翅和尾黑褐色；下体橙棕色，腹部中央和尾下覆羽白色。雌鸟上体橄榄灰褐色，翅和尾黑褐色，羽缘棕黄色；下体橙棕色，腹部中央和尾下覆羽白色。栖息于常绿阔叶林、竹林及稀树灌木丛中。常单个或成对活动。以昆虫为食，兼食少量植物性食物。我国分布于云南、四川、贵州、广西，国外分布于中南半岛、大巽他群岛。

鹟科 Muscicapidae
中国评估等级：无危（LC）
世界自然保护联盟（IUCN）评估等级：无危（LC）

**329**

## 蓝喉仙鹟
### *Cyornis rubeculoides*

全长约14.5 cm。雄鸟上体暗蓝色，额基和眼先黑色，前额和眉纹、翅角小覆羽和尾上覆羽亮蓝色，翅和尾黑褐色；颏黑色，下喉至胸部橙棕色，喉侧和胸侧蓝黑色，两胁淡黄褐色，腹至尾下覆羽白色。雌鸟上体橄榄黄褐色，眼先淡棕黄色；翅黑褐色，尾上覆羽和尾羽表面栗棕色；颏、喉棕白色，胸橙黄色，其余下体白色。栖息于山地森林的林下和林缘灌丛中，多见单独或成对活动。主要取食昆虫。繁殖期5—7月，每窝产卵3～5枚。我国分布于西藏、云南，国外分布于喜马拉雅山脉至中南半岛西部。

鹟科 Muscicapidae
中国评估等级：无危（LC）
世界自然保护联盟（IUCN）评估等级：无危（LC）

## 白尾蓝仙鹟
*Cyornis concretus*

全长约19 cm。雄鸟上体暗蓝色，额基、眼先黑色，前额、眉纹和翅角亮蓝色，翅和尾羽黑褐色，外侧尾羽具白斑；头侧、颏、喉至胸部暗灰蓝色，上腹和两胁蓝灰色，下体余部白色。雌鸟全身大致呈橄榄褐色，额基、眼先红褐色，外侧尾羽具白斑；颏、喉和胸棕褐色，下喉部具显著白斑，其余下体白色。栖息于常绿阔叶林、竹林和次生林中的林下灌丛。单独或成对活动。以昆虫为食。我国分布于云南，国外分布于印度东北部、缅甸、泰国、老挝北部、越南西北部、马来西亚、印度尼西亚、文莱。

鹟科 Muscicapidae
中国评估等级：无危（LC）
世界自然保护联盟（IUCN）评估等级：无危（LC）

# 棕腹仙鶲
*Niltava sundara*

全长约16 cm。雄鸟上体大致呈暗蓝色，前额、眼先、头侧和颈侧及颏和喉部黑色，头顶至后枕、腰至尾上覆羽和中央尾羽表面、翅上小覆羽和颈侧斑亮蓝色，背和肩羽深紫蓝色，翅和尾黑褐色；下体余部橙棕色。雌鸟体羽大致呈橄榄褐色，下喉具白色领斑，颈侧具辉蓝色块斑；翅、尾上覆羽和尾羽棕褐色；下体灰褐色，腹部中央白色。栖息于山地常绿阔叶林或落叶阔叶林及竹林中。单个或成对活动，常在林下和林缘灌丛中捕食昆虫，也吃一些植物果实。我国分布于陕西、甘肃、西藏、云南、四川、重庆、贵州、湖北、广西，国外分布于喜马拉雅山脉至中南半岛北部。

鹟科 Muscicapidae
中国评估等级：无危（LC）
世界自然保护联盟（IUCN）评估等级：无危（LC）

## 大仙鹟
*Niltava grandis*

　　全长约20 cm。雄鸟额基至眼先黑色，头顶至后枕、腰和尾上覆羽、翅上小覆羽和颈侧块斑辉亮蓝色，头侧和颈侧及颏和喉部黑色；翅和尾羽黑褐色，上体余部呈紫蓝色；胸部蓝黑，腹部暗灰色。雌鸟通体橄榄褐色，颈侧有一亮蓝色块斑；翅和尾羽表面红褐色；下体色略淡。栖息于山地常绿阔叶林、竹林和次生林中，多见单个或成对在林内中下层矮树和灌丛上活动。主要以昆虫为食。我国分布于西藏、云南、广西，国外分布于喜马拉雅山脉中段至中南半岛、苏门答腊岛。

鹟科 Muscicapidae
中国保护等级：II级
中国评估等级：无危（LC）
世界自然保护联盟（IUCN）评估等级：无危（LC）

# 小仙鹟
*Niltava macgrigoriae*

　　全长约12 cm。雄鸟额基、眼先黑色，头顶至后枕、颈侧斑和尾上覆羽亮钴蓝色，头侧及颊、喉黑色；翅和尾羽黑褐色，上体余部深紫蓝色；胸黑蓝色，胸以下灰色，尾下覆羽白色。雌鸟前额至眼先锈黄色，颈侧具亮蓝色块斑；上体棕橄榄褐色，翅和尾羽表面棕红色；颏、喉沾锈黄色，下腹中央近白色，其余下体橄榄黄褐色。栖息于山地常绿阔叶林和竹林中。常单独或成对在林下灌丛和林缘地带活动。食物以昆虫为主。繁殖期4—7月，每窝产卵3～5枚。我国分布于西藏、云南、贵州、广东、澳门、广西，国外分布于喜马拉雅山脉至中南半岛北部。

鹟科 Musicapidae
中国评估等级：无危（LC）
世界自然保护联盟（IUCN）评估等级：无危（LC）

## 铜蓝鹟
*Eumyias thalassinus*

全长约15 cm。雄鸟通体蓝绿色，额基和眼先黑色，飞羽内翈及尾羽边缘黑褐色，尾下覆羽羽缘近白色；雌鸟羽色较灰暗。栖息于山地常绿阔叶林、针叶林、针阔混交林和灌丛地带。常见单个或成对在树冠或灌木枝梢活动。主要觅食昆虫，也吃少量植物性食物。我国分布于陕西、西藏、云南、四川、重庆、贵州、湖北、湖南、福建、广东、香港、澳门、广西，国外分布于南亚次大陆、中南半岛、苏门答腊岛和加里曼丹岛。

鹟科 Muscicapidae
中国评估等级：无危（LC）
世界自然保护联盟（IUCN）评估等级：无危（LC）

**335**

# 白喉短翅鸫
## *Brachypteryx leucophris*

全长约12 cm，翅较短，有褐色和蓝色两种色型。华南亚种（*B. l. carolinae*）雄鸟上体锈红褐色，眉纹白色，翅和尾羽暗褐色、颏、喉和腹部至尾下覆羽白色，喉部羽缘沾浅棕褐色，胸带和两胁棕黄褐色；雌鸟上体暗褐色。西南亚种（*B. l. nipalensis*）雄鸟上体暗石板蓝色，眉纹白色，喉和腹部中央白色，胸带和胁部烟灰色；雌鸟上体橄榄黄褐色，眉纹白色，翅暗褐色，颏和喉白色，胸和两胁黄褐色，腹部和尾下覆羽近白色。栖息于常绿阔叶林的林下灌丛近溪流处。主要以昆虫为食。华南亚种分布于云南、贵州、湖南、江西、福建、广东、广西，西南亚种分布于西藏、云南、四川，国外分布于喜马拉雅山脉中段至中南半岛、苏门答腊岛和爪哇岛。

鹟科 Muscicapidae
中国评估等级：无危（LC）
世界自然保护联盟（IUCN）评估等级：无危（LC）

# 中华短翅鸫
*Brachypteryx sinensis*

全长约14 cm。雄鸟上体暗蓝色，额基、眼先和眼圈黑色，眉纹白色，翅和尾羽黑褐色，下体蓝灰色；雌鸟上体暗橄榄褐色，额基、眼先和眼圈锈红色，翅和尾羽暗褐色，下体赭褐色。栖息于常绿阔叶林的林下灌丛或竹林间。常单独或成对在阴湿处活动，在地面觅食昆虫。我国特有鸟类，分布于陕西、云南、四川、贵州、湖北、湖南、江西、福建、广东、广西。

鹟科 Muscicapidae
中国评估等级：无危（LC）
世界自然保护联盟（IUCN）评估等级：无危（LC）

# 蓝歌鸲
## *Larvivora cyane*

　　全长约14 cm。雄鸟上体铅蓝色，黑色颚纹延伸至颈侧和胸侧，翅和尾羽黑褐沾蓝色，下体白色，两胁蓝灰色；雌鸟上体橄榄褐色，胸部杂以褐色斑点。栖息于针阔混交林中。主要在地面活动，也见于茂密的灌木丛中，觅食昆虫、浆果和草籽等。繁殖期5—7月，每窝产卵5～6枚。我国分布于黑龙江、吉林、辽宁、内蒙古、浙江、福建、云南，国外繁殖于东北亚，冬季迁至东南亚越冬。

鸫科 Muscicapidae
国家评估等级：无危（LC）
世界自然保护联盟（IUCN）评估等级：无危（LC）

## 蓝喉歌鸲
*Luscinia svecica*

　　全长约16 cm。雄鸟上体橄榄褐色，眉纹白色，尾上覆羽和外侧尾羽基部棕红色；颏、喉及上胸蓝色，下喉中央具栗红色圆斑，腹部白色，胁部沾棕色。雌鸟与雄鸟羽色相似，但颏、喉部呈棕白色，喉侧和胸部黑褐色，形成半圆形胸带。栖息于山坡灌木和矮树丛间。多在地面上活动。主要取食昆虫，也吃植物种子等。繁殖期5—7月，每窝产卵4～6枚。在我国东北、西北地区为夏候鸟，在云南及东南沿海地区为冬候鸟，国外繁殖于古北界，冬季南迁至非洲北部以及西亚、南亚、东南亚越冬。

鹟科 Muscicapidae
中国保护等级：Ⅱ级
中国评估等级：无危（LC）
世界自然保护联盟（IUCN）评估等级：无危（LC）

## 白腹短翅鸲
*Luscinia phaenicuroides*

　　全长约17 cm。雄鸟头、颈及体背面深蓝色，翅黑褐色，小翼羽有两个白色点斑，尾黑褐色，外侧尾羽近基部棕黄色；喉至上胸深蓝色，下胸至腹部白色，两胁暗灰色。雌鸟上体暗橄榄黄褐色，尾羽暗褐色，外缘暗棕黄色；下体皮黄色。栖息于山地常绿阔叶林、灌丛及林缘地带。食物主要为昆虫，兼食植物果实和种子。我国分布于北京、河北、陕西、宁夏、甘肃、青海、西藏、云南、四川，国外分布于喜马拉雅山脉、中南半岛北部。

科名：Muscicapidae
中国保护等级：无危（LC）
世界自然保护联盟（IUCN）评估等级：无危（LC）

# 白须黑胸歌鸲
*Calliope tschebaiewi*

　　全长约16 cm。雄鸟上体暗灰褐色，眼先、眼圈、颊和耳羽黑色，眉纹和颊纹白色；尾羽端部和外侧尾羽基部白色；颏、喉部赤红色，胸部具宽阔的黑色横带，下体余部白色。雌鸟胸带淡灰褐色，余部与雄鸟相似。栖息于常绿阔叶林中。常在矮树丛和灌丛中活动，取食昆虫及植物果实、种子等。我国分布于青海、甘肃、西藏、云南、四川、重庆，国外分布于喜马拉雅山脉至中南半岛西北部。

鹟科 Muscicapidae
中国评估等级：近危（NT）
世界自然保护联盟（IUCN）评估等级：无危（LC）

## 红喉歌鸲
*Calliope calliope*

　　全长约16 cm。雄鸟上体橄榄褐色，头顶暗棕褐色，眉纹及颊纹白色，眼先黑色；颏、喉部具鲜明的赤红色斑块，外围具黑色边缘；下体余部灰褐色。雌鸟与雄鸟相似，但羽色较淡，颏、喉部为白色。栖息于山地森林，多单独在灌草丛中活动。通常在地面上觅食，以昆虫等动物性食物为主。繁殖期5—7月，每窝产卵4～6枚。我国繁殖于青海、甘肃和四川，全国各地均有分布，国外繁殖于东北亚，冬季南迁至南亚次大陆东北部、中南半岛、菲律宾群岛越冬。

鹟科 Muscicapidae
中国保护等级：Ⅱ级
中国评估等级：无危（LC）
世界自然保护联盟（IUCN）评估等级：无危（LC）

# 白尾蓝地鸲
*Myiomela leucura*

　　全长约18 cm。雄鸟前额、眉纹及翅角小覆羽亮钴蓝色，头侧和颈侧黑色，颈侧有一白色点斑；头顶至背和肩羽及尾上覆羽蓝黑色，翅和尾羽黑褐色，外侧尾羽具白斑；下体黑色，胸、腹羽端沾蓝色。雌鸟体羽呈暗橄榄黄褐色，翅暗褐色，外侧飞羽翈缘棕黄色，尾羽黑褐色，外侧尾羽基部具白斑。栖息于山地常绿阔叶林及河谷附近的疏林、灌丛中。多单独在山涧、溪流边的地面上活动。主要以昆虫为食，也吃少量浆果和种子。我国分布于陕西、甘肃、西藏、云南、四川、重庆、贵州、广东、广西、海南、台湾，国外分布于喜马拉雅山脉中段至中南半岛。

鹟科 Muscicapidae
中国评估等级：无危（LC）
世界自然保护联盟（IUCN）评估等级：无危（LC）

**343**

## 棕腹林鸲
### *Tarsiger hyperythrus*

　　全长约14 cm。雄鸟上体深蓝色，头侧和颈侧黑沾蓝色，眉纹、翅上小覆羽和尾上覆羽亮蓝色，翅和尾羽暗褐色，外翈蓝色；下体橙棕色，腹部及尾下覆羽白色。雌鸟上体暗橄榄褐色，腰和尾上覆羽灰蓝色，尾羽暗褐色，羽缘蓝色；下体黄褐色，腹部及尾下覆羽白色。栖息于常绿阔叶林、针阔混交林的林下和林缘灌丛，也见于稀树灌木草丛地带。主要以昆虫为食。我国分布于西藏、云南，国外分布于喜马拉雅山脉东段、中南半岛东北部。

雀形目 Musicapidae
中国保护等级：Ⅱ级
中国濒危等级：较罕见（LC）
世界自然保护联盟（IUCN）红色名录：无危（LC）

# 蓝眉林鸲
*Tarsiger rufilatus*

　　全长约14 cm。雄鸟上体深蓝色，眉纹、翅上小覆羽和尾上覆羽亮海蓝色，翅暗褐色，羽缘蓝色；下体灰白色，两胁橙黄色。雌鸟上体暗橄榄褐色，腰和尾上覆羽及尾羽蓝色而沾绿褐色；颏、喉白色，下体余部与雄鸟相似。栖息于山地森林和次生林的林下灌丛、林缘及疏林地带。以昆虫、种子为食。我国分布于陕西、宁夏、甘肃、西藏、青海、云南、四川、贵州，国外分布于喜马拉雅山脉地区至中南半岛北部。

鹟科 Muscicapidae
中国评估等级：无危（LC）
世界自然保护联盟（IUCN）评估等级：无危（LC）

**345**

## 金色林鸲
*Tarsiger chrysaeus*

　　全长约15 cm。雄鸟眉纹橙黄色，眼先至耳羽黑色；头顶至背橄榄绿色，肩羽、腰部及尾上覆羽和尾羽基部亮橙黄色，翅黑色，羽缘黄色，尾羽端部黑色；下体均亮橙黄色。雌鸟眉纹近黄色，上体橄榄绿色，下体赭黄色。栖息于常绿阔叶林、针阔混交林、竹林及高山杜鹃灌丛中。多单独或成对在林下或林缘灌草丛中活动，取食昆虫和果实。我国分布于陕西、甘肃、西藏、云南、四川，国外分布于喜马拉雅山脉至中南半岛西北部。

鹟科 Muscicapidae
中国评估等级：无危（LC）
世界自然保护联盟（IUCN）评估等级：无危（LC）

## 小燕尾
*Enicurus scouleri*

全长约13 cm。前额白色，头、颈两侧和颏、喉至胸部黑色；上背黑色，翅黑褐色，具宽阔的白色翅斑，腰至尾上覆羽白色，尾羽较短，呈浅叉状，中央尾羽黑色，外侧尾羽白色；下体余部白色。栖息于多岩石的山涧、溪流与河谷沿岸，常见单个或成对沿溪流低飞或停栖于石头上。以水生昆虫为食。繁殖期4—6月，在岸边岩石缝隙间筑巢，每窝产卵2~4枚。我国分布于陕西、甘肃、西藏、云南、四川、重庆、贵州、湖北、湖南、江西、浙江、福建、广东、香港、台湾，国外分布于喜马拉雅山脉至中南半岛北部。

鹟科 Muscicapidae
中国评估等级：无危（LC）
世界自然保护联盟（IUCN）评估等级：无危（LC）

**347**

## 黑背燕尾
*Enicurus immaculatus*

　　全长约22 cm。前额和眉纹白色，头顶至上背和头、颈两侧及颏至喉部黑色；下背至腰和尾上覆羽及下体余部白色、翅黑色，具宽阔的白色翅斑，尾呈深叉状，中央尾羽黑色，羽基和羽端白色，外侧尾羽白色。栖息于热带和南亚热带山间溪流与河谷沿岸，常单独或成对活动。多停息在水中石头上，或在浅水中觅食，食物主要为水生昆虫。我国分布于西藏、云南，国外分布于喜马拉雅山脉至中南半岛西北部。

鹟科 Muscicapidae
中国保护等级：二级（Ⅱ）
世界自然保护联盟（IUCN）评估等级：无危（LC）

# 灰背燕尾
## *Enicurus schistaceus*

全长约21 cm。前额至眼圈上方白色，头、颈两侧及颏至上喉黑色，头顶至背和肩羽青灰色；翅黑褐色，具白色翼斑，腰及尾上覆羽白色，尾呈深叉状，中央尾羽黑色，羽基和羽端白色，外侧尾羽白色；下体余部白色。栖息于山间溪流和河流岸边的灌木、石头上，常见单独或成对在水中岩石上奔走，或在浅水滩地的石头缝隙间觅食。食物主要为水生昆虫及螺类等小动物。繁殖期4—6月，在溪流沿岸的岩石缝隙间筑巢，每窝产卵3～4枚。我国分布于西藏、云南、四川、贵州、湖南、江西、浙江、福建、广东、香港、广西，国外分布于喜马拉雅山脉至中南半岛。

鹟科 Muscicapidae
中国评估等级：无危（LC）
世界自然保护联盟（IUCN）评估等级：无危（LC）

## 白额燕尾
*Enicurus leschenaulti*

全长约27 cm。前额至头顶白色，头顶羽毛较长，形成一小羽冠，头后至背和肩羽黑色，头、颈两侧及额、喉至胸部黑色；腰至尾上覆羽白色，翅黑褐色，具显著白斑，尾呈深叉状，中央尾羽黑色，基部和端斑白色，外侧尾羽白色；下体余部纯白色。栖息于多石的林间溪流和河谷沿岸。常单独或成对在溪流岩石上活动。主要以水生昆虫为食。繁殖期4—6月，多在急流附近的岩隙间筑巢，每窝产卵3～4枚。我国分布于河南、陕西、宁夏、甘肃、西藏、云南、四川、重庆、贵州、湖北、湖南、安徽、江西、江苏、上海、浙江、福建、广东、广西、海南，国外分布于喜马拉雅山脉东段、中南半岛、大巽他群岛。

鹟科 Muscicapidae
世界自然保护联盟（IUCN）评估等级：无危（LC）

**350**

# 斑背燕尾
*Enicurus maculatus*

　　全长约25 cm。额白色，头顶至背和肩羽黑色，后颈具白色领斑，背和肩羽具圆形白色点斑，腰至尾上覆羽白色，翅黑褐色，具显著的白色横斑，尾呈深叉状，中央尾羽黑色，羽基和羽端白色，外侧尾羽白色；头、颈两侧和颏、喉至胸部黑色，下体余部白色。栖息于山区林间溪流边缘及河流附近，多成对在岸边岩石或水中裸石上活动。主要取食昆虫，也吃少量植物性食物。我国分布于西藏、云南、四川、福建、广东和江西，国外分布于喜马拉雅山脉至中南半岛北部。

鹟科 Muscicapidae
中国评估等级：无危（LC）
世界自然保护联盟（IUCN）评估等级：无危（LC）

# 紫啸鸫
*Myophonus caeruleus*

　　全长约29 cm，嘴黄色，全身大致呈紫蓝色，并具有银紫色点状斑。眼先和眼周蓝黑色；翅和尾黑褐色，具紫蓝色羽缘。栖息于沟谷附近阴湿的阔叶林中或多岩的山涧、溪流沿岸。单独或成对活动，停栖时常展开尾羽并上下或左右摆动。多在地面觅食昆虫，也吃植物种子和果实。繁殖期4—7月，在岩缝、屋檐、枝杈等处筑巢，每窝产卵3～4枚。我国分布于华北、华东、华中、华南和西南地区，国外分布于中亚、南亚、东南亚。

鹟科 Muscicapidae
中国保护等级：无危（LC）
世界自然保护联盟（IUCN）评估等级：无危（LC）

## 白眉姬鹟
*Ficedula zanthopygia*

　　全长约13 cm。雄鸟头、上背、翅、尾上覆羽和尾羽黑色，下背和腰鲜黄色，翅上具显著白斑，眉纹白色；颏、喉至上胸橙色，腹部中央和尾下覆羽白色，下体余部鲜黄色。雌鸟无眉纹，上体橄榄绿色，腰部鲜黄色，翅和尾黑褐色，翅缘白色，形成翅斑；下体皮黄白色，喉及上胸具淡褐色细鳞斑。栖息于山地阔叶林和竹林中，也见于林缘和灌木草丛地带。单独或成对活动，主要捕食昆虫。繁殖期5—7月，在天然树洞中筑巢，每窝产卵4～7枚。我国分布于东部、中部和南部，国外繁殖于俄罗斯东南部、蒙古国东部、朝鲜和韩国，冬季南迁至马来西亚半岛、苏门答腊岛越冬。

鹟科 Muscicapidae
中国生物多样性：无危（LC）
世界自然保护联盟（IUCN）评估等级：无危（LC）

## 侏蓝姬鹟
*Ficedula hodgsoni*

　　全长约10.5 cm。雄鸟上体深蓝色，额基、眼先和头侧黑蓝色；翅和尾黑色；下体橙黄色。雌鸟上体橄榄褐色，腰和尾上覆羽棕褐色，翅和尾羽黑褐色；下体淡棕皮黄色。栖息于常绿阔叶林中，尤喜在林缘耕地附近的低矮树丛和灌丛中活动。除繁殖季节外多单独活动，以昆虫等小型无脊椎动物为食，也吃果实和草籽等植物性食物。繁殖期5—7月，每窝产卵3～4枚。我国分布于西藏、云南，国外分布于尼泊尔、不丹、印度北部、缅甸、老挝西北部、泰国西北部、越南、马来西亚、印度尼西亚。

鹟科 Muscicapidae
中国评估等级：无危（LC）
世界自然保护联盟（IUCN）评估等级：无危（LC）

### 锈胸蓝姬鹟
*Ficedula erithacus*

全长约13 cm。雄鸟上体暗蓝灰色，翅黑褐色，羽缘棕褐色，尾上覆羽和尾羽黑褐色，外侧尾羽基部白色；喉至胸部和两胁橙棕色，腹部和尾下覆羽淡棕白色。雌鸟上体橄榄褐色，翅和尾羽暗褐色；下体淡橄榄褐色。栖息于山地森林、竹林、灌丛和开阔的林缘或疏林地带，多单独或成对活动。以昆虫和种子、浆果等为食。我国分布于甘肃、西藏、青海、陕西、云南、四川、贵州，国外分布于喜马拉雅山脉中段至中南半岛西北部。

## 橙胸姬鹟
*Ficedula strophiata*

全长约13 cm。雄鸟上体橄榄褐色，眉纹白色并延伸至前额，头侧和颏、喉部黑色，颈侧和胸石板灰色；尾上覆羽和尾羽黑褐色，外侧尾羽基部白色；上胸有一橙色胸斑，胁部淡橄榄褐色，下体余部灰白色。雌鸟额基和头侧及颏、喉部呈橄榄褐色，眉纹灰白色。栖息于山坡树林、灌木林和竹林等生境。常单独或成对在林下低矮树丛和灌丛中活动。以昆虫、种子等为食。繁殖期5—7月，在天然树洞中营巢，每窝产卵3~4枚。我国分布于陕西、甘肃、西藏、云南、四川、贵州、湖北、广西，国外分布于喜马拉雅山脉至中南半岛北部。

科：Muscicapidae
中国评估等级：无危（LC）
世界自然保护联盟（IUCN）红色名录等级：无危（LC）

## 棕胸蓝姬鹟
*Ficedula hyperythra*

　　全长约12 cm。雄鸟上体暗蓝灰色，眉纹白色，从眼上方伸达前额；翅暗褐色，羽缘棕褐色，尾羽黑褐色，中央尾羽表面灰蓝色，外侧尾羽基部白色；颏、喉至胸和胁部棕色，腹部中央和尾下覆羽近白色。雌鸟上体橄榄褐色，翅、尾上覆羽和尾羽棕褐色；下体赭褐色，腹部中央和尾下覆羽近白色。栖息于山区森林的林下灌丛及竹林中。多单个或成对活动。主要以昆虫为食。繁殖期4—6月，每窝产卵4～6枚。我国分布于西藏、云南、四川、重庆、贵州、广西、广东、海南、台湾，国外分布于喜马拉雅山脉中段至中南半岛、大巽他群岛。

鹟科 Muscicapidae
中国脊椎动物红色名录：无危（LC）
世界自然保护联盟（IUCN）濒危等级：无危（LC）

**358**

## 小斑姬鹟
*Ficedula westermanni*

　　全长约12 cm。雄鸟上体黑色，具宽而长的白色眉纹；翅黑褐色，具大型白斑，尾黑色，外侧尾羽基部白色；下体纯白色，两胁沾灰色。雌鸟上体灰橄榄褐色，翅和尾羽黑褐色，翅上具不明显的淡棕白色翅斑，尾上覆羽和尾羽外缘锈红色；下体灰白色，尾下覆羽纯白色。栖息于林缘或灌丛中。多成对活动，食物以昆虫为主，也吃少量植物性食物。繁殖期4—6月，每窝产卵3~4枚。我国分布于西藏、云南、贵州、广西，国外分布于喜马拉雅山脉、中南半岛、马来群岛。

鹟科 Muscicapidae
中国评估等级：无危（LC）
世界自然保护联盟（IUCN）评估等级：无危（LC）

**359**

# 灰蓝姬鹟
*Ficedula tricolor*

　　全长约12 cm。雄鸟上体暗灰蓝色，额和头顶浅灰蓝色，眼先黑色；翅黑褐色，羽缘棕褐色，尾蓝黑色，外侧尾羽基部白色；胸和两胁灰黄褐色，颏、喉和腹部中央及尾下覆羽淡皮黄白色。雌鸟上体橄榄褐色，翅黑褐色，羽缘棕褐色，尾上覆羽和尾羽棕红色；下体棕白色，胸和两胁橄榄褐沾棕色，尾下覆羽白色。栖息于山地常绿阔叶林、针叶林和针阔混交林中，多单独或成对在林下灌丛中活动。主要取食昆虫。我国分布于甘肃、西藏、云南、四川、重庆、贵州、广西，国外分布于喜马拉雅山脉至中南半岛北部。

鹟科 Muscicapidae
中国保护等级：无危（LC）
世界自然保护联盟（IUCN）评估等级：无危（LC）

## 玉头姬鹟
*Ficedula sapphira*

　　全长约12.5 cm。雄鸟前额至后枕、腰及尾上覆羽灰蓝色，背、肩羽和头、颈两侧及胸侧暗蓝色，翅和尾羽黑褐色，外缘深蓝色；颏、喉及胸部中央橙棕色，腹部和尾下覆羽灰白色。雌鸟上体棕橄榄褐色，头顶、尾上覆羽棕褐色，眼先和眼圈深皮黄色，颈侧和胸侧橄榄褐色；颏、喉橙棕色，腹至尾下覆羽白而沾棕色。栖息于山地常绿阔叶林的林下灌丛和次生林中。常见单个或成对在枝叶间活动，觅食昆虫。我国分布于陕西、甘肃、西藏、云南、四川，国外分布于喜马拉雅山脉东段、中南半岛北部。

鹟科 Muscicapidae
中国评估等级：无危（LC）
世界自然保护联盟（IUCN）评估等级：无危（LC）

**361**

# 黑喉红尾鸲
*Phoenicurus hodgsoni*

　　全长约15 cm。雄鸟额基至头侧黑色，头顶至背和肩羽暗灰色，翅黑褐色并具白斑，尾上覆羽及外侧尾羽棕黄色，中央尾羽黑褐色；颏、喉至上胸黑色，下体余部棕黄色。雌鸟上体暗灰褐色，翅和尾羽浅棕色，翅上无白斑；下体浅褐色，腹部中央近白色。栖息于疏林、灌丛草地或村落附近的树丛中。单个或结小群活动。主要以昆虫为食，也吃少量植物果实和种子。我国分布于陕西、甘肃、西藏、青海、云南、四川、重庆、湖北，国外分布于喜马拉雅山脉东段、中南半岛西北部。

鸫科 Muscicapidae
中国评估等级：无危（LC）
世界自然保护联盟（IUCN）评估等级：无危（LC）

## 白喉红尾鸲
*Phoenicurus schisticeps*

　　全长约15 cm。雄鸟头顶和后颈灰蓝色，头颈两侧和颏、喉黑色，喉部具白斑；背和尾黑色，腰至尾上覆羽栗红色，翅黑褐色并具白斑；下体余部栗红色，下腹中央近白色。雌鸟头、颈和背暗褐色，腰至尾上覆羽及尾羽外缘栗红色；喉和胸灰褐色，下腹羽色较淡。栖息于高山灌丛及疏林地带。多单个或成对活动。主要取食昆虫、果实和种子。我国分布于陕西、甘肃、西藏、青海、云南、四川，国外分布于喜马拉雅山脉中段至中南半岛西北部。

翁科 Muscicapidae
中国评估等级：无危（LC）
世界自然保护联盟（IUCN）评估等级：无危（LC）

# 北红尾鸲
*Phoenicurus auroreus*

全长约15 cm。雄鸟头顶至后颈石板灰色，头侧和颏、喉黑色；背、肩羽及翅上覆羽黑色，翅和中央尾羽黑褐色，翅上具显著白斑，腰和尾上覆羽及外侧尾羽棕黄色；下体余部棕黄色。雌鸟羽色以橄榄褐色为主，翅上白斑比雄鸟的小，腹部淡皮黄色。栖息于山地森林、灌丛地带，也见于路边林缘和居民点附近的树丛中。常单个或成对活动。以昆虫和植物种子等为食。繁殖期5—7月，在墙洞、石缝中营巢，每窝产卵2～4枚。我国分布于除新疆外的地区，国外分布于东亚、东南亚北部。

鹟科 Muscicapidae

## 蓝额红尾鸲
*Phoenicurus frontalis*

全长约16 cm。雄鸟前额亮蓝色，头顶至上背和肩羽深蓝色，羽端缀黄褐色，腰和尾上覆羽棕黄色，翅黑褐色，中央尾羽黑色，外侧尾羽棕黄色，羽端黑色；喉和上胸深蓝色，下胸至尾下覆羽和两胁棕黄色。雌鸟头顶至上背暗棕褐色；腰、尾上覆羽和尾羽羽色较雄鸟浅淡；下体黄褐色，额、喉部沾灰色。栖息于针叶林及灌木丛中。单个或成对活动。取食昆虫和植物果实。我国分布于陕西、宁夏、甘肃、西藏、青海、云南、四川、重庆、贵州，国外分布于喜马拉雅山脉至中南半岛北部。

鹟科 Muscicapidae
中国科研等级：无危（LC）
世界自然保护联盟（IUCN）评估等级：无危（LC）

**365**

## 红尾水鸲
*Phoenicurus fuliginosus*

　　全长约13 cm。雄鸟体羽大致为深灰蓝色，眼先黑色；翅黑褐色，尾覆羽及尾羽栗红色。雌鸟上体灰褐色，翅黑褐色，有两道白色点斑，腰和尾覆羽及外侧尾羽基部白色，尾余部暗褐色；下体灰白色，满布白色斑点及深灰色鳞状斑。栖息于多石的江河、溪流等水域。常单独或成对活动，多站立在水边或水中石头上以及沿岸的灌丛、矮树上。主食昆虫，兼食少量植物果实和种子。繁殖期4—7月，在河岸岩石缝隙、树洞内筑巢，每窝产卵4～5枚。我国分布于除东北和新疆外的地区，国外分布于中亚、南亚、东南亚。

鹟科 Muscicapidae
中国评估等级：无危（LC）
世界自然保护联盟（IUCN）评估等级：无危（LC）

# 白顶溪鸲
*Phoenicurus leucocephalus*

　　全长约19 cm。头顶至后枕白色，前额、头侧、后颈至背和肩羽及颏、喉至胸黑色；翅黑褐色，尾羽端部黑色；身体余部栗红色。栖息于山间溪流及河流，常站在水中或岸边的岩石上。单独或成对活动。食物以昆虫为主，也取食杂草种子和果实。繁殖期5—7月，在岩缝、树洞内筑巢，每窝产卵3～5枚。我国分布于西北、华北、华中、华南、西南地区，国外分布于中亚至喜马拉雅山脉、中南半岛北部。

鸫科 Muscicapidae
中国评估等级：无危（LC）
世界自然保护联盟（IUCN）评估等级：无危（LC）

# 蓝矶鸫
## *Monticola solitarius*

　　全长约20 cm。雄鸟上体暗蓝色，翅和尾羽黑褐色，羽缘蓝色；下体灰蓝色[亚种（*M. s. philippensis*）颏和喉部暗蓝色]，胸以下栗红色。雌鸟上体灰蓝色，下体淡棕黄色并密布黑色鳞状斑。栖息于多岩石的山地及河岸，常单独或成对在岩石间或居民区附近活动。主要捕食昆虫，也吃部分植物性食物。繁殖期5—7月，筑巢于岩缝内，每窝产卵4～6枚。在我国东北、华北、华东、华中地区为夏候鸟，在新疆西北部、西藏南部及长江以南地区为留鸟，国外分布于欧洲南部、亚洲南部、非洲北部。

# 栗腹矶鸫
*Monticola rufiventris*

　　全长约23 cm。雄鸟上体亮钴蓝色，眼先、头侧和颈侧黑色；翅黑褐色，表面蓝色；颏和喉部暗蓝色，下体余部栗红色。雌鸟上体暗灰褐色，具黑褐色鳞状斑；眼先和颊浅皮黄色，耳羽黑褐色杂以皮黄色纹，颈侧具淡皮黄色块斑；颏、喉黄白色，下体余部浅皮黄色，满布黑色鳞状斑。栖息于针阔混交林或多岩的山坡灌丛、稀树草地，多见单个或成对在乔木树或岩石上活动觅食。主要以昆虫为食，也吃少量植物种子。我国分布于秦岭以南广大地区，国外分布于喜马拉雅山脉至中南半岛北部。

鹟科 Muscicapidae
中国评估等级：无危（LC）
世界自然保护联盟（IUCN）评估等级：无危（LC）

## 黑喉石鵰
### *Saxicola torquatus*

　　全长约13 cm。雄鸟头、背、翅和尾羽黑色，颈侧、肩部和翅上具白斑，尾上覆羽白色；胸和两胁棕色，腹部中央及尾下覆羽淡棕黄色。雌鸟上体棕褐色，并具黑褐色纵纹、翅和尾黑褐色，翅上也有白斑，腰和尾上覆羽及下体余部淡棕色。栖息于田间灌丛、沼泽以及湖泊与河流沿岸附近的灌丛草地，常站立在灌木枝头和小树顶枝上，有时也站在田间或路边电线上和农作物梢端。食物主要是昆虫，也吃少量的杂草种子。繁殖期5—7月，每窝产卵4～6枚。我国东北、西北、华中等地区为夏候鸟，在西南地区为留鸟，在东南沿海地区及海南为冬候鸟，国外分布于古北界、东洋界和热带界。

鹟科 Muscicapidae
中国自然等级：无危（LC）
世界自然保护联盟（IUCN）濒危等级：无危（LC）

# 白斑黑石䳭
*Saxicola caprata*

全长约13 cm。雄鸟全身黑色，翅上具白斑，尾上和尾下覆羽白色。雌鸟上体暗褐色，具棕色羽缘，翅和尾羽黑褐色，尾上覆羽锈红色；下体黄褐色，胸、腹及胁部具黑褐色纵纹。栖息于开阔地附近的疏林、灌丛地带。常见单个或成对停栖在树梢或电线上。主要以昆虫为食。我国分布于西藏、云南、四川，国外分布于中亚、南亚和东南亚。

鹟科 Muscicapidae
中国评估等级：无危（LC）
世界自然保护联盟（IUCN）评估等级：无危（LC）

# 灰林鵬
*Saxicola ferreus*

　　全长约13 cm。雄鸟头顶至体背暗灰色或染棕红褐色，具黑色纵纹，眉纹白色，脸部黑色；翅黑褐色，具灰色羽缘和白斑，腰和尾上覆羽灰色，尾黑褐色，外侧尾羽灰白色；颏和喉白色，下体余部灰白色，或沾棕褐色。雌鸟上体棕褐色，具暗色纵纹，脸部棕褐色；翅和尾羽黑褐色，翅上具棕黄褐色斑，尾上覆羽和外侧尾羽红棕色；颏和喉白色，下体余部淡黄褐色。栖息于山地林缘灌丛、疏林及开阔的农田、草丛地带。多见单个或成对活动。取食昆虫为主，也吃杂草种子等。我国分布于秦岭以南广大地区，国外分布于南亚次大陆北部和中南半岛。

鹟科 Muscicapidae
中国评估等级：无危（LC）
世界自然保护联盟（IUCN）评估等级：无危（LC）

# 河乌
*Cinclus cinclus*

　　全长约20 cm。额、头顶至上背暗棕褐色，下背至尾上覆羽和尾羽石板灰色，羽缘黑色；颏、喉和胸部白色（褐色型为暗棕褐色），其余下体棕褐色。栖息于高山沼泽湿地或山涧、溪流边。除繁殖期外多单独或成小群活动，喜在水流湍急的山溪中捕食或在溪旁停栖，能潜入水中觅食。主要以水生昆虫为食，也吃一些植物性食物。我国分布于甘肃、新疆、西藏、青海、云南、四川，国外分布于欧洲以及西亚、中亚、南亚北部。

河乌科 Cinclidae
中国评估等级：无危（LC）
世界自然保护联盟（IUCN）评估等级：无危（LC）

**373**

## 褐河乌
*Cinclus pallasii*

　　全长约21 cm。全身体羽暗棕褐色，翅和尾羽暗褐色，尾较短。栖息于山涧、河谷溪流和沼泽地间，多单独或成对在河滩或水中露出的岩石上活动，常涉水或潜入水中在石缝中觅食。以小型水生动物和少量的植物性食物为食。繁殖期4—7月，在河流两岸的石缝、树根等处营巢，每窝产卵4～6枚，雌雄亲鸟共同育雏。我国分布于除青海外的地区，国外分布于中亚、南亚北部、东南亚北部、东亚。

河乌科 Cinclidae
中国评估等级：无危（LC）
世界自然保护联盟（IUCN）评估等级：无危（LC）

## 蓝翅叶鹎
*Chloropsis cochinchinensis*

　　全长约17 cm。雄鸟上体草绿色，额至眼上方淡黄色，眼先、眼下至颏和喉部中央黑色，外围以淡黄色环带，下嘴基部具一条紫蓝色短纹，枕和颈部沾黄褐色；飞羽黑褐色，其外缘和小覆羽亮钴蓝色，中央尾羽暗绿色，外侧尾羽钴蓝色；下体余部草绿色。雌鸟额绿色，眼先和颏、喉蓝绿色；下嘴基部钴蓝色。栖息于热带和南亚热带常绿阔叶林、次生林以及林缘或疏林灌丛中，除繁殖期外多单独或结小群活动。主要取食昆虫，也吃部分植物果实、种子。繁殖期4—6月，营巢于树枝上，每窝产卵2~3枚。我国分布于云南、广西，国外分布于中南半岛、大巽他群岛。

叶鹎科 Chloropseidae
中国评估等级：无危（LC）
世界自然保护联盟（IUCN）评估等级：无危（LC）

## 金额叶鹎
*Chloropsis aurifrons*

　　全长约18 cm。雄鸟额部橘黄色，颊、颏和上喉紫色，眼先、眼下、耳羽及下喉黑色，耳羽后方至胸具橙黄色带斑；翅上小覆羽亮蓝色，翅暗褐色；身体余部呈草绿色。雌鸟绿色较浅，耳羽呈蓝色。栖息于开阔的常绿阔叶林中。除繁殖期外常结小群活动。以植物果实和昆虫为食。我国分布于西藏、云南，国外分布于南亚次大陆、中南半岛。

叶鹎科 Chloropseidae
中国濒危等级：近危（NT）
世界自然保护联盟（IUCN）濒危等级：无危（LC）

# 橙腹叶鹎
*Chloropsis hardwickii*

全长约20 cm。雄鸟额、头顶至后枕黄绿色,眼先、眼下、颊和耳羽及颏、喉至上胸黑色;后颈至背、肩羽和尾上覆羽草绿色,飞羽和尾羽紫黑色,小覆羽和髭纹亮钴蓝色;下体余部橙色。雌鸟髭纹和翅肩淡钴蓝色,腹部中央和尾下覆羽橙色,其余体羽均呈草绿色。栖息于开阔的阔叶林、针阔混交林、沟谷林和次生林,也见于村寨附近的乔木树上。多成对或结小群活动。以花果及昆虫为食。我国分布于西藏、云南、四川,国外分布于喜马拉雅山脉中段至中南半岛西北部和西部。

# 黄腹啄花鸟
*Dicaeum melanozanthum*

全长约11 cm。雄鸟上体黑色，翅和尾褐黑色，外侧尾羽内翈具白斑；颏、喉和胸部中央白色，胸侧黑色，腹、两胁和尾下覆羽黄色。雌鸟上体橄榄褐色，头侧、颈和胸侧橄榄灰色，翅和尾褐黑色，外侧尾羽内翈也具白斑；颏、喉至胸部中央灰白色，其余下体淡黄色，两胁沾橄榄色。栖息于常绿阔叶林、针阔混交林和次生林中，多在林缘及灌丛活动，也出现于果园和村寨附近的树林中。以昆虫、花蜜和浆果为食。我国分布于西藏、云南、四川，国外分布于南亚次大陆北部和东北部、中南半岛西北部和中北部。

啄花鸟科 Dicaeidae
中国保护等级：无危（LC）
世界自然保护联盟（IUCN）濒危等级：无危（LC）

## 红胸啄花鸟
### *Dicaeum ignipectus*

　　全长约9 cm。雄鸟上体辉绿蓝色，头侧和颈侧黑色；翅和尾羽暗褐色；下体棕黄色，胸部具朱红色横斑，腹部中央有一条黑色细纹，胁部橄榄绿色。雌鸟上体橄榄绿色，下体棕黄色。栖息于山地阔叶林、次生林或溪边灌丛间，常在盛开花朵的树上结群觅食。主要以浆果、花蕊、花蜜和昆虫为食。我国分布于秦岭以南广大地区，国外分布于喜马拉雅山脉至中南半岛。

啄花鸟科 Dicaeidae
中国评估等级：无危（LC）
世界自然保护联盟（IUCN）评估等级：无危（LC）

# 紫颊太阳鸟
*Chalcoparia singalensis*

　　全长约10 cm，嘴型近平直状。雄鸟前额、头顶及上体深绿色，具金属光泽；眼先黑色，颊和耳羽暗紫红色并具金属光泽，尾羽黑褐色，具金属绿羽缘；颏、喉及胸锈红色，下体余部柠檬黄色。雌鸟上体及头侧暗橄榄绿色，下体与雄鸟相似，但羽色不如雄鸟鲜亮。栖息于热带常绿阔叶林中，也见于村寨附近的林间。单独或成对活动。吸食花蜜，也捕食部分昆虫。我国分布于云南，国外分布于喜马拉雅山脉东段、中南半岛、大巽他群岛。

别名：蓝翅太阳鸟 Hectarina lata
中国评估等级：无危（LC）
世界自然保护联盟（IUCN）评估等级：无危（LC）

## 紫花蜜鸟
*Cinnyris asiaticus*

全长约11 cm。雄鸟繁殖羽通体黑紫色而具金属光泽，翅暗褐色，胸具暗栗褐色胸带；非繁殖羽除翅覆羽和尾羽紫蓝色外，上体大致呈污橄榄绿色；喉至上胸黄色，中央黑紫色，下体余部黄白色。雌鸟上体灰橄榄绿色，尾羽暗褐色；喉至胸部黄色，腹部乳黄色，两胁灰色。栖息于热带丛林或灌丛，也见于村寨附近的树林间，多成对或结小群活动。喜在开花的树上觅食花蜜和昆虫。我国分布于云南，国外分布于西亚东部、南亚、东南亚北部。

花蜜鸟科 Nectariniidae
中国评估等级：无危（LC）
世界自然保护联盟（IUCN）评估等级：无危（LC）

## 蓝喉太阳鸟
### *Aethopyga gouldiae*

　　全长约14 cm，嘴细长而弯曲。雄鸟额和头顶及颏和喉部辉紫蓝色，眼先、耳羽黑色，耳羽后侧和胸侧各有一辉紫蓝色斑；后颈至背部和翅上中、小覆羽以及头侧和颈侧暗红色，翅暗褐色，羽缘橄榄黄色，腰鲜黄色，尾上覆羽和中央尾羽基部紫蓝色，中央尾羽延长部分和外侧尾羽黑褐色；胸火红色，腹部以下鲜黄色。雌鸟上体橄榄黄色，翅和尾羽暗褐色，羽缘橄榄黄色，腰黄色；下体灰褐沾黄色。栖息于山区阔叶林、混交林、竹林或稀树灌丛中。常结群在花丛间活动。以花蜜、花蕊和昆虫为食。我国分布于河南、陕西、甘肃、西藏、云南、四川、重庆、贵州、湖北、湖南、广西，国外分布于喜马拉雅山脉至中南半岛北部和东部。

花蜜鸟科 Nectariniidae
国家保护级别：无危（LC）
世界自然保护联盟（IUCN）评估等级：无危（LC）

**382**

## 绿喉太阳鸟
*Aethopyga nipalensis*

全长约14 cm，嘴细长而弯曲。雄鸟自前额至后颈和喉部暗绿色而具金属光泽；上背和颈侧暗红色，下背、肩羽和两翅表面橄榄黄色，腰鲜黄色，尾上覆羽和中央尾羽表面呈金属绿色；胸和上腹鲜黄色具红色细纹，下腹和尾下覆羽橄榄黄色。雌鸟上体橄榄绿色，头侧和喉部灰褐色，翅暗褐色，羽缘橄榄黄色；上胸橄榄灰色，腹部渐转为橄榄黄色，尾下覆羽鲜黄色。栖息于山地阔叶林、混交林、竹林及沟谷林中。多成对或单个活动。啄食花蜜，也捕食昆虫。繁殖期4—6月，每窝产卵2～3枚。我国分布于西藏、云南、四川，国外分布于喜马拉雅山脉中段至中南半岛。

花蜜鸟科 Nectariniidae
中国评估等级：无危（LC）
世界自然保护联盟（IUCN）评估等级：无危（LC）

# 黑胸太阳鸟
## *Aethopyga saturata*

　　全长约14 cm，嘴细长而弯曲。雄鸟前额、头顶至后颈和髭纹金属紫蓝色，眼先、头侧以及颏至胸部黑色，喉部具紫色光泽；背和肩羽、颈侧和胸侧暗红色，翅黑褐色，翅上中、小覆羽污黑色，尾上覆羽和中央尾羽基部辉紫蓝色，中央尾羽延长部分和外侧尾羽近黑色，腰黄色；下体暗灰绿色。雌鸟上体橄榄绿色，翅和尾暗褐色，羽缘橄榄绿色，腰黄色；下体灰绿色。栖息于常绿阔叶林、沟谷林和次生林以及林缘的稀树灌丛中，常成对活动。以花粉、花蜜、种子和昆虫为食。我国分布于西藏、云南、贵州、广西、广东，国外分布于喜马拉雅山脉至中南半岛。

太阳鸟科 Nectariniidae
中国评估等级：无危（LC）
世界自然保护联盟（IUCN）红色名录：无危（LC）

## 黄腰太阳鸟
### *Aethopyga siparaja*

　　全长约14 cm，嘴细长而弯曲。雄鸟前额、髭纹金属绿色，头顶至枕橄榄褐色，头、颈两侧以及肩、背和翅上中、小覆羽暗红色，翅暗褐色，羽缘橄榄黄色，尾上覆羽和中央尾羽表面金属绿色，腰鲜黄色；颏、喉至胸鲜红色，其余下体灰橄榄绿黄色。雌鸟上体灰橄榄绿色，腰部黄绿色；下体灰色沾黄。栖息于开阔地带的常绿阔叶林、次生林、竹林或村寨附近的小树林中。多单独或结小群活动，性活泼，常在乔木上层的花丛、枝叶间穿梭跳跃，觅食花蜜和昆虫，也吃果实和种子。繁殖期4—7月，每窝产卵2～3枚。我国分布于西藏、云南、广西、广东，国外分布于喜马拉雅山脉至中南半岛、大巽他群岛。

花蜜鸟科 Nectariniidae
中国评估等级：无危（LC）
世界自然保护联盟（IUCN）评估等级：无危（LC）

**385**

## 火尾太阳鸟
*Aethopyga ignicauda*

　　全长约19 cm，嘴细长而弯曲。雄鸟眼先和头侧黑色，前额和头顶、颏和喉部辉蓝色；枕、后颈和颈侧、背、肩和尾上覆羽、中央尾羽和外侧尾羽外翈火红色，腰黄色、翅褐色；胸部鲜黄色，中央染橘红色，腹和尾下覆羽淡黄绿色。雌鸟上体橄榄黄色，翅褐色，中央尾羽棕褐色；下体黄绿色。栖息于高海拔山地的常绿阔叶林、针阔混交林和杜鹃灌丛或村寨附近的次生林和灌丛中。常结小群活动。主要取食花蜜、花蕊、浆果、草籽和小型昆虫。我国分布于西藏、四川、云南，国外分布于喜马拉雅山脉中段至中南半岛西北部。

花蜜鸟科 Nectariniidae
中国评估等级：无危（LC）
世界自然保护联盟（IUCN）评估等级：无危（LC）

# 长嘴捕蛛鸟
*Arachnothera longirostra*

全长约15 cm，嘴长而弯曲，尾短圆。上体橄榄绿色，头顶具暗褐色鳞状纹，眼先和眉纹灰白色，自嘴基沿喉侧有一条黑色纵纹，翅和尾羽暗褐色；颏和喉部灰白色，其余下体鲜黄色。栖息于热带河谷常绿阔叶林和次生林中，也见于村寨附近的树上。常结小群活动。主要以昆虫和浆果为食。我国分布于西藏、云南、广西，国外分布于印度至喜马拉雅山脉东段、中南半岛、大巽他群岛。

花蜜鸟科 Nectariniidae
中国评估等级：无危（LC）
世界自然保护联盟（IUCN）评估等级：无危（LC）

**387**

# 纹背捕蛛鸟
## *Arachnothera magna*

全长约19 cm，嘴形长而下弯。上体橄榄黄色，具黑色斑纹，尾羽具黑色次端斑；下体淡黄白色，密布黑色纵纹。栖息于热带雨林或灌木丛中。常单个或成对在芭蕉树或乔木树冠上活动和觅食。以花蜜、花蕊和草籽为食，也吃昆虫、蜘蛛等动物性食物。我国分布于西藏、云南、贵州、广西，国外分布于喜马拉雅山脉东段、中南半岛。

## 家麻雀
*Passer domesticus*

　　全长约15 cm。雄鸟前额、头顶和后枕灰色，颊和耳羽白色，眼先和眼周黑色，眼后、后颈至背栗红色，背部具黑色纵纹；翅上覆羽具白斑，腰和尾上覆羽灰色，尾暗褐色，羽缘淡棕色；颏、喉至上胸中央黑色，其余下体白色沾棕色。雌鸟羽色较雄鸟浅淡，具土黄色眉纹，下体灰白沾黄褐色。栖息于山地、河谷、荒漠、草原、农田以及城镇和乡村等多种环境中。多成群活动。杂食性，以昆虫、谷物及野生植物的果实和种子等为食。我国分布于黑龙江、内蒙古、陕西、新疆、青海、西藏、云南、四川、广西，国外分布于古北界和东洋界，已扩散到全球多地。

雀科 Passeridae
中国脊椎动物红色名录：无危（LC）
世界自然保护联盟（IUCN）评估等级：无危（LC）

**390**

## 山麻雀
*Passer cinnamomeus*

　　全长约14 cm。雄鸟上体自前额到背和腰部栗褐色，眼先及颏和喉部中央黑色，颊和耳羽、喉侧和颈侧灰白沾黄色；上背具黑色纵纹，翅和尾羽黑褐色，飞羽羽缘淡黄白色，大、中覆羽羽端棕白色；其余下体灰白色。雌鸟上体灰褐色，上背具黑色条纹，眉纹土黄色，眼先至耳羽暗褐色，形成贯眼纹，头侧及下体淡黄灰色。栖息于各类森林和灌丛中，常结群在林间、林缘或疏林、灌草丛中以及农田等处活动和觅食。杂食性，主要以昆虫和谷物及其他植物的种子为食。繁殖期4—8月，每窝产卵3～6枚。我国分布于黄河以南广大地区，国外分布于喜马拉雅山脉、中南半岛北部、朝鲜半岛和日本群岛。

雀科 Passeridae
中国评估等级：无危（LC）
世界自然保护联盟（IUCN）评估等级：无危（LC）

## 麻雀
*Passer montanus*

　　全长约14 cm。上体砂褐色，眼先、耳羽和颏、喉部黑色，颊和喉侧白色，前额至后颈栗褐色，颈部具灰白色领环；背具黑色条纹，翅和尾黑褐色，具淡黄色羽缘，翅上有两道近白色的横斑；下体污白色。栖息于城镇和村寨及其附近的树林和田野。除繁殖期外，常成群活动。杂食性，主要以谷粒、草籽、种子、果实等植物性食物为食，繁殖期间也吃昆虫。我国全境几乎都有分布，国外广布于欧亚大陆、马来群岛。

雀科 Passeridae
中国评估等级：无危（LC）
世界自然保护联盟（IUCN）评估等级：无危（LC）

## 白腰雪雀
*Onychostruthus taczanowskii*

全长约17 cm。头和上体淡灰褐色，前额及眉纹白色，贯眼纹黑色；背和肩具暗褐色纵纹，腰及尾上覆羽白色，翅和尾羽黑褐色，翅覆羽羽端和次级飞羽基部白色，外侧尾羽具白色端斑；下体白色，胸部沾褐灰色。栖息于高山草地、草原和有稀疏植物或多裸岩的高原荒漠和半荒漠地带。喜结小群活动。主要以草籽、种子等植物性食物为食，也吃昆虫等动物性食物。我国分布于甘肃、新疆、西藏、青海、四川，国外分布于尼泊尔。

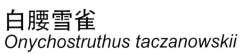

雀科 Passeridae
中国评估等级：无危（LC）
世界自然保护联盟（IUCN）评估等级：无危（LC）

## 纹胸织雀
*Ploceus manyar*

　　全长约14 cm。雄鸟夏羽前额至头顶金黄色，头侧、颈侧和颏、喉黑色，其余上体黑褐色，羽缘茶黄色，下体白色，胸部具黑色纵纹；冬羽前额、头顶和头侧棕褐色，顶冠具黑色细纹，眉纹淡黄白色，颏、喉近白色，上体茶黄色，具黑褐色纵纹，胸和胁茶黄色，具黑色纵纹。雌鸟和雄鸟冬羽相似。栖息于开阔河谷、草地及农田中，常结群活动。以谷物、草籽和昆虫为食。繁殖期5—8月，在芦苇和高草丛中营巢，巢呈葫芦状，每窝产卵2~3枚。我国分布于西藏、云南，国外分布于南亚次大陆、中南半岛、爪哇岛。

织雀科 Ploceidae
中国评估等级：无危（LC）
世界自然保护联盟（IUCN）评估等级：无危（LC）

# 黄胸织雀
*Ploceus philippinus*

　　全长约15 cm。雄鸟夏羽前额至后枕亮金黄色，脸部黑褐色，颏、喉灰褐色，上体棕褐色，具黑色纵纹，翅和尾羽黑褐色，外缘棕白色，颈侧至后颈及胸和胸侧棕褐色，下体余部皮黄色；冬羽上体棕黄色满布黑色纵纹，脸部棕褐色，眉纹棕黄色，颏、喉淡棕白色，胸和两胁棕黄色，其余下体皮黄色。雌鸟和雄鸟冬羽相似。栖息于开阔的原野、河谷地带，也见于农田、果园以及村镇附近的树林中。性活泼。喜结大群活动。以谷物和其他植物种子为食，也吃部分昆虫。繁殖期4—7月，在高大的乔木上或竹林的枝条上营群巢，巢呈葫芦状，用草丝编织而成，每窝产卵2～4枚。我国分布于西藏、云南，国外分布于南亚次大陆、中南半岛、苏门答腊岛、爪哇岛。

织雀科 Ploceidae
中国评估等级：无危（LC）
世界自然保护联盟（IUCN）评估等级：无危（LC）

# 红梅花雀
## *Amandava amandava*

　　全长约10 cm。雄鸟夏羽头、颈侧和尾上覆羽朱红色，眼先黑色，下背及肩羽橄榄褐色染朱红色并具白色斑点，翅暗褐色，翅覆羽和内侧飞羽具白色端斑，尾黑色，羽端白色，颏、喉至胸部和两胁朱红色，腹部中央淡橙黄色，尾下覆羽黑褐色，整个下体除颏及上喉外，均具白色细点斑；冬羽头和上体橄榄褐色，翅褐色具白色点斑，尾上覆羽朱红色，尾羽暗褐色并具白端，喉、胸浅灰褐色，其余下体淡橘黄色。雌鸟与雄鸟冬羽相似。栖息于热带、亚热带稀树灌丛和草丛中，也出没于芦苇沼泽、农田和村寨附近，喜结群活动。秋冬季可结成数十只甚至上百只的大群。以作物及植物种子、草籽为食，也吃昆虫。我国分布于云南、海南，国外分布于南亚次大陆、中南半岛，已引种至世界多地。

梅花雀科 Estrildidae
中国中国色等级：数据缺乏（DD）
世界自然保护联盟（IUCN）评估等级：无危（LC）

# 白腰文鸟
## *Lonchura striata*

　　全长约11 cm。前额、眼先、眼周及颏、喉黑褐色，耳羽栗褐色杂棕白色斑纹；头顶至上背、肩羽和尾上覆羽栗褐色，具淡棕白色斑纹，下背和腰白色，翅和尾黑褐色；胸暗褐色具淡棕黄色羽干纹，腹和两胁近白色，尾下覆羽栗色。栖息于农作区和低山、丘陵地带的林缘灌草丛及竹林中，多结群活动。主要采食植物种子、草籽和稻谷，也吃少量昆虫。繁殖期3—9月，每窝产卵4～7枚。我国分布于西南、华中、华东和华南地区，国外分布于南亚次大陆东部和东北部、中南半岛、苏门答腊岛。

雀形目科 Estrildidae
中国评估等级：无危（LC）
世界自然保护联盟（IUCN）评估等级：无危（LC）

# 斑文鸟
*Lonchura punctulata*

　　全长约11 cm。上体栗褐色，具淡棕白色羽干纹，头侧及颏和喉暗栗褐色，腰和尾上覆羽灰褐色，羽缘灰白色；下体淡棕白色，胸和两肋满布栗褐色鳞状斑纹、腹部中央和尾下覆羽近白色。栖息于平原、山麓、河谷及村寨附近的农田和灌木草丛中，喜结群活动。主要以稻谷、荞麦以及植物种子为食，兼食部分昆虫。繁殖期3—8月，每窝产卵4～8枚。我国分布于西南、华中、华东和华南地区，国外分布于南亚和东南亚，已引种至澳大利亚等地。

梅花雀科 Estrildidae
中国三有保护鸟类：是
世界自然保护联盟（IUCN）濒危等级：无危（LC）

## 栗腹文鸟
*Lonchura atricapilla*

　　全长约11 cm。全身体羽除头、颈和颏、喉至上胸及腹部中央和尾下覆羽为黑色外，其他部分主要呈栗色。栖息于平坝、河谷、低山丘陵地带的灌木、草丛和农田中。除繁殖期外多结群活动，有时也与其他文鸟混群。主要以作物果实和草籽为食，也捕食昆虫。繁殖期3—8月，每窝产卵3~6枚。我国分布于云南、广西、广东、澳门、海南和台湾，国外分布于南亚次大陆东北部至中南半岛、马来群岛。

梅花雀科 Estrildidae
中国评估等级：无危（LC）
世界自然保护联盟（IUCN）评估等级：无危（LC）

**401**

## 禾雀
*Lonchura oryzivora*

全长约13 cm。头黑色，嘴和眼圈粉红色，脸部具大型白斑；上体包括两翅表面蓝灰色，腰、尾上覆羽和尾羽黑色；颏和上喉黑色，颈侧、下喉以及胸部蓝灰色，腹部和两胁葡萄灰色，尾下覆羽白色。栖息于低地草原或空旷林地的草甸和灌丛，也见于村镇、农田或树林中，常结群活动。食物以植物果实、草籽和小型昆虫为食，也取食稻谷和玉米等。禾雀原产于印度尼西亚，为观赏鸟类，已人工培育出白色、驼色、花色等品种，被引种至世界多个国家，并形成了野生种群。明朝时引进中国，现分布于东南和南部沿海地区以及台湾。

梅花雀科 Estrildidae
中国评估等级：易危（VU）
世界自然保护联盟（IUCN）评估等级：濒危（EN）

## 领岩鹨
*Prunella collaris*

　　全长约17 cm。前额至后颈及头侧暗灰褐色；上体棕褐色，具黑褐色纵纹，翅覆羽黑色，羽端白色，形成两道点状翅斑，尾羽黑褐色，外侧尾羽内翈具白色端斑；颏、喉灰白色，具黑褐色横斑，胸和颈侧灰褐色，腹和两胁栗红色，各羽具淡棕黄色羽缘，尾下覆羽黑褐色，羽缘白色。栖息于高山灌丛、草甸及裸岩地带。成对或结小群活动，多在岩石附近或灌木草丛中觅食，主要以昆虫等小型无脊椎动物和植物果实、种子及草籽等为食。我国分布于黑龙江、辽宁、吉林、北京、河北、山东、山西、陕西、内蒙古、甘肃、新疆、西藏、青海、云南、四川、台湾，国外分布于欧洲南部以及西亚、南亚北部和东亚。

岩鹨科 Prunellidae
中国评估等级：无危（LC）
世界自然保护联盟（IUCN）评估等级：无危（LC）

**403**

## 鸲岩鹨
*Prunella rubeculoides*

全长约16 cm。头、颈侧和颏、喉灰褐色；背、肩羽和腰棕褐色，具黑褐色纵纹，翅上覆羽暗褐色，端缘白色，形成点状翅斑，飞羽褐色，尾上覆羽和尾羽褐色；胸红褐色，在喉、胸之间有黑色细纹，腹部白色，两胁和尾下覆羽淡棕黄色。栖息于高山草甸和灌丛地带，多结小群活动。以昆虫为食，也吃草籽和种子。我国分布于甘肃、新疆、西藏、青海、云南、四川，国外分布于喜马拉雅山脉。

岩鹨科 Prunellidae
中国手份等级　无危（LC）
世界自然保护联盟（IUCN）评估等级：无危（LC）

## 棕胸岩鹨
*Prunella strophiata*

　　全长约16 cm。上体淡棕褐色，具宽阔的黑褐色纵纹，眉纹前段白色，而向后呈棕红色，眼先、颊和耳羽黑褐色，颈侧灰白色具黑色纵纹；翅暗褐色，羽缘棕红色，尾褐色；颏、喉白色杂以黑褐色点斑，胸部具宽阔的棕红色胸带，其余下体白色，具黑褐色纵纹。栖息于高山灌丛、草坡、裸岩地带和农耕地中，多单独或成对活动。取食昆虫、草籽、果实和种子。我国分布于陕西、甘肃、西藏、青海、云南、四川，国外分布于喜马拉雅山脉、中南半岛西北部。

# 褐岩鹨
*Prunella fulvescens*

　　全长约16 cm。头顶暗褐色，眉纹白色，眼先、颊及耳羽黑褐色；上背至尾上覆羽浅褐色，具暗褐色纵纹，翅和尾褐色；颏和喉白色，胸以下皮黄或淡棕黄色，体侧无斑点。栖息于荒漠、半荒漠和高山裸岩及灌丛地带，喜结小群活动。主要以昆虫等小型无脊椎动物为食，也吃果实、种子和草籽等植物性食物。我国分布于内蒙古、宁夏、新疆、西藏、青海、甘肃、四川，国外分布于中亚和南亚北部。

岩鹨科 Prunellidae
中国评估等级：无危（LC）
世界自然保护联盟（IUCN）评估等级：无危（LC）

## 栗背岩鹨
*Prunella immaculata*

全长约14 cm。前额、头顶至后颈暗灰色，眼先黑色，颊和耳羽暗灰色；背、肩羽及腰和尾上覆羽暗栗色，翅上覆羽灰色，翅和尾羽黑褐色，羽缘灰白色；颈侧、颏、喉至胸和上腹灰色，下腹淡棕黄色，胁和尾下覆羽栗棕色。栖息于针叶林和阔叶林的林下植被，常成对或结小群在沟谷坡地的灌草丛中或林缘空地处活动。主要取食昆虫和种子。我国分布于陕西、甘肃、西藏、青海、云南、四川，国外分布于喜马拉雅山脉东段、中南半岛西北部。

岩鹨科 Prunellidae
中国评估等级：无危（LC）
世界自然保护联盟（IUCN）评估等级：无危（LC）

## 山鹡鸰
*Dendronanthus indicus*

　　全长约17 cm。头和体背橄榄褐色，眉纹淡黄白色，从嘴基直达耳羽上方；翅上大、中覆羽黑色而羽端白色，形成两道显著翅斑，飞羽黑褐色具黄白色羽缘，中央尾羽表面橄榄绿褐色，外侧尾羽白色，基部黑色；下体白色，胸部具有两道黑色带斑。栖息于低山丘陵地带的山地森林中，常单独活动于林间空地、林缘、河边及村落附近。食物以昆虫等小型无脊椎动物为主。繁殖期5—6月，每窝产卵4~5枚。我国分布于除新疆、青海、西藏外的地区，国外分布于南亚、东亚、东南亚。

鹡鸰科 Motacillidae
中国评估等级：无危（LC）
世界自然保护联盟（IUCN）评估等级：无危（LC）

## 黄鹡鸰
*Motacilla tschutschensis*

　　全长约17 cm。头顶灰色或呈橄榄绿色，眉纹呈黄色、白色或不显；体背面橄榄绿色，翅和尾羽黑褐色，翅上具两道黄白色翅斑，外侧尾羽白色；下体亮黄色，腹侧和两胁沾橄榄绿色。栖息于河谷、田野、林缘草地、水域附近的滩地以及居民点附近，冬季多结小群活动，通常在地上啄食昆虫。我国繁殖于东北地区和内蒙古，迁徙时途经全国大部分地区，越冬于华南和西南地区，国外繁殖于东北亚和美国阿拉斯加州，南迁至东南亚和澳大利亚北部越冬。

鹡鸰科 Motacillidae
中国评估等级：无危（LC）
世界自然保护联盟（IUCN）评估等级：无危（LC）

**409**

## 黄头鹡鸰
*Motacilla citreola*

　　全长约18 cm。雄鸟头部及整个下体亮黄色，后颈和肩羽黑色，背、腰及两翅黑色或深灰色，翅上有两道宽阔的白色翅斑，尾上覆羽和尾羽黑褐色，外侧尾羽白色；雌鸟与雄鸟相似，但头顶、后颈和背部呈灰褐色，黄色不如雄鸟鲜亮。栖息于河岸、湖畔、溪边、沼泽、水田、草地等生境中。多成对或结小群活动。主要以昆虫为食。繁殖期5—6月，每窝产卵4～5枚。我国分布于东北、西北和西南地区，为夏候鸟，迁徙时见于东南部沿海地区，国外繁殖于东欧、中亚、南亚北部，越冬于西亚、南亚、东南亚北部。

鹡鸰科 Motacillidae
中国评估等级：无危（LC）
世界自然保护联盟（IUCN）评估等级：无危（LC）

## 灰鹡鸰
*Motacilla cinerea*

全长约19 cm。雄鸟头、颈及上体褐灰色，眉纹和颚纹白色；翅黑褐色，有一道白色翅斑，尾上覆羽黄色，尾羽褐色；颏、喉部白色（夏季呈黑色），胸、腹及尾下覆羽鲜黄色。雌鸟与雄鸟的冬羽相似，但羽色不如雄鸟鲜艳。栖息于江河、湖泊、池塘等湿地的浅滩地带，也见于林缘、草地、农田和居民区等生境中。多单独或成对活动，有时也与白鹡鸰混群。以捕食昆虫为主。繁殖期5—6月，每窝产卵4～5枚。我国繁殖于东北、华中、西北地区和青藏高原，在西藏东南部、云南等地越冬，迁徙时普遍见于东部地区，国外繁殖于欧洲、亚洲中部和东部，南迁至非洲北部、南亚和东南亚越冬。

鹡鸰科 Motacillidae
中国评估等级：无危（LC）
世界自然保护联盟（IUCN）评估等级：无危（LC）

**411**

# 白鹡鸰
## *Motacilla alba*

　　全长约18 cm。头、颈和上体大都呈黑色，额部、眼先、眉纹及眼圈白色；翅上覆羽具宽阔的白色端缘，形成显著的白色翅斑，最外侧两对尾羽白色；颏、喉至上胸黑色，下胸、腹部及两胁和尾下覆羽白色。栖息于江河、湖泊、溪流、水库、沼泽等湿地附近，也见于草滩、耕地、路边和居民区。常单独或成对活动。食物以昆虫为主，偶尔也吃种子、浆果等植物性食物。繁殖期3—7月，每窝产卵3~5枚。我国全境几乎都有分布，国外广泛分布于欧亚大陆和非洲北部。

鹡鸰科 Motacillidae
中国计估等级：无危（LC）
世界自然保护联盟（IUCN）评估等级：无危（LC）

# 田鹨
*Anthus richardi*

全长约18 cm。上体棕黄色，满布黑色纵纹，眼先、眉纹淡棕白色，耳羽、颊纹黑褐色，颊和颏、喉白色沾棕色，喉侧具暗色纵纹；翼上覆羽和肩羽黑色，具棕黄色羽缘，翅和尾羽暗褐色，羽缘淡棕色；胸和两胁淡棕黄色，胸具黑褐色点斑纵纹，腹部中央和尾下覆羽淡棕白色。栖息于林间空地、林缘灌丛、山坡草地以及河滩、农田和沼泽地带。单个或结小群活动，在地面觅食昆虫。繁殖期5—7月，每窝产卵4～6枚。我国可见于各地区，国外分布于东亚、东南亚和南亚。

鹡鸰科 Motacillidae
中国评估等级：无危（LC）
世界自然保护联盟（IUCN）评估等级：无危（LC）

**413**

# 树鹨
## *Anthus hodgsoni*

　　全长约15 cm。上体橄榄绿色，满布黑褐色纵纹，头顶纵纹较细密，眉纹淡棕白色，眼先和耳羽褐色，耳羽后有一白斑，髭纹黑褐色，颊和颏、喉淡棕白色；翅和尾羽黑褐色，翅上有两道棕黄色翅斑；胸和两胁淡棕黄色，满布粗著的黑褐色纵纹，腹以下白色。栖息于山地森林和疏林灌丛草地，也出没于田野和居民点周围的树上。常成对或结小群活动。食物主要为昆虫。繁殖期6—7月，每窝产卵4～5枚。我国繁殖于黑龙江、吉林、辽宁、内蒙古、河北、甘肃、青海、四川、云南、西藏等地，迁徙时途经东部地区，在长江以南越冬，国外分布于北亚、东亚、东南亚和南亚。

鹡鸰科 Motacillidae
中国生态环境质量评估等级：无危（LC）
世界自然保护联盟（IUCN）评估等级：无危（LC）

## 山鹨
*Anthus sylvanus*

全长约17 cm。上体淡棕褐色，具粗著的黑褐色纵纹，颈侧和上胸部的纵纹较粗著；眉纹淡棕白色，耳羽暗棕色，颊和颏、喉棕白色，颚纹黑褐色；翅和尾羽黑褐色，外侧尾羽端部具楔形白斑；下体余部浅棕白色，均具暗褐色细纹。栖息于山地林缘、灌丛、草坡和农田地带。常单独或成对活动，冬季也集群。多在地上觅食，食物主要为昆虫，兼食一些植物种子。繁殖期4—7月，每窝产卵3～5枚。我国分布于云南、四川、重庆、贵州、湖北、湖南、江西、上海、浙江、福建、广东、香港、澳门、广西，国外分布于喜马拉雅山脉西段至中段。

鹡鸰科 Motacillidae
中国评估等级：无危（LC）
世界自然保护联盟（IUCN）评估等级：无危（LC）

**415**

# 燕雀
*Fringilla montifringilla*

　　全长约16 cm。雄鸟头、颈及上背黑色，下背、腰和尾上覆羽白色，肩羽和小覆羽橙褐色，中覆羽白色，大覆羽黑色，羽端浅褐色，翅和尾羽黑色；颏、喉至胸部及两胁橙褐色，腹部以下白色，胁部具黑色斑点。雌鸟头部灰褐色、颈灰色，其余羽色较雄鸟浅淡。栖息于从平原到山区的各种森林中，也见于农田、草地和灌丛中。迁徙时常结成大群。杂食性，以昆虫、蜘蛛以及杂草种子、植物嫩叶、果实和稻谷等农作物为食。我国分布于除宁夏、西藏、青海、海南外的地区，国外繁殖于欧亚大陆北部，冬季至欧亚大陆中部和南部越冬。

燕雀科 Fringillidae
中国评估等级：无危（LC）
世界自然保护联盟（IUCN）评估等级：无危（LC）

## 黄颈拟蜡嘴雀
### *Mycerobas affinis*

　　全长约23 cm。雄鸟头、额、喉及翅和尾羽黑色，后颈、颈侧至胸部以下橙黄色；雌鸟头、额和喉部灰色，上体包括翅表面橄榄绿色，尾黑色，下体胸部以下橄榄绿黄色。栖息于山地针叶林、针阔混交林、阔叶林及杜鹃灌丛和矮树丛中。冬季结群，平时多成对活动。主要以裸子植物种子和其他植物的果实等为食，也吃昆虫等动物性食物。我国分布于甘肃、西藏、云南、四川，国外分布于喜马拉雅山脉至中南半岛西北部。

雀科 Fringillidae
中国评估等级：无危（LC）
世界自然保护联盟（IUCN）评估等级：无危（LC）

**417**

## 白点翅拟蜡嘴雀
*Mycerobas melanozanthos*

　　全长约22 cm。雄鸟头和上体及颏、喉至上胸均呈黑色，翅上具白色点斑，下体胸部以下亮黄色，体侧具黑纹；雌鸟上体黑褐色，各羽具黄绿色羽缘，颈侧、胸和两胁具黑色纵纹，下体亮黄色。栖息于针叶林、针阔混交林及高山灌丛、竹丛或稀树草坡的高大树上。食物以松子、杉树子以及其他野生果实等植物性食物为主。我国分布于甘肃、西藏、云南、四川，国外分布于喜马拉雅山脉至中南半岛北部。

燕雀科 Fringillidae
中国评估等级：无危（LC）
世界自然保护联盟（IUCN）评估等级：无危（LC）

**418**

## 黑尾蜡嘴雀
*Eophona migratoria*

　　全长约20 cm，嘴呈蜡黄色而尖端黑色。雄鸟头部黑色，后颈、背、肩羽灰栗褐色，腰和尾上覆羽灰白色，翅和尾亮黑色，翅上具白斑；颏和喉黑色，胸和两胁灰褐色，胁部沾橙褐色，腹部中央和尾下覆羽白色。雌鸟头部及颏和喉灰褐色，余部与雄鸟相似。栖息于山区的阔叶林、次生林和灌丛中，也见于坝区的村庄附近和庭院的高树上，除繁殖期外多结小群活动。以植物果实、种子、草籽、嫩叶等为食，也吃部分昆虫。繁殖期5—7月，每窝产卵3～5枚。我国分布于除宁夏、新疆、西藏、青海外的地区，国外繁殖于东亚，越冬于东南亚北部。

燕雀科 Fringillidae
中国评估等级：无危（LC）
世界自然保护联盟（IUCN）评估等级：无危（LC）

**419**

## 褐灰雀
*Pyrrhula nipalensis*

全长约17 cm。雄鸟前额、头顶至上背和肩羽灰褐色，头顶羽缘灰白色而具鳞状斑；下背黑褐色，腰白色，尾上覆羽和尾羽黑色具紫蓝色光泽，翅黑褐色，最内侧一枚飞羽外缘赤红色；下体灰褐色，腹部中央和尾下覆羽白色。雌鸟与雄鸟相似，仅最内侧一枚飞羽外缘为橙黄色。栖息于阔叶林、针阔混交林和林缘及林下灌丛中。多单独、成对或结小群活动。主要以植物种子、果实为食，也吃少量昆虫。我国分布于西藏、云南、四川、湖南、广东、广西、江西、福建、台湾，国外分布于喜马拉雅山脉、中南半岛北部和东南部。

燕雀科 Fringillidae
中国评估等级：无危（LC）
世界自然保护联盟（IUCN）评估等级：无危（LC）

## 灰头灰雀
### *Pyrrhula erythaca*

　　全长约17 cm。雄鸟额基、眼先、嘴基和颏黑色，外缘围以灰白色；头顶至背和肩羽烟灰色，腰白色，翅和尾羽黑褐色；喉灰色，胸和腹部橙红色，尾下覆羽白色。雌鸟背、肩羽和翅上覆羽暗棕褐色，下体棕褐色，其他羽色与雄鸟相似。栖息于高山灌丛、针阔混交林及村落附近的树林中。常结小群活动。食物主要为种子、浆果等植物性食物。我国分布于河北、北京、陕西、甘肃、西藏、青海、云南、四川、重庆、贵州、湖北、台湾，国外分布于喜马拉雅山脉东段、中南半岛西北部。

燕雀科 Fringillidae
中国评估等级：无危（LC）
世界自然保护联盟（IUCN）评估等级：无危（LC）

## 赤朱雀
*Agraphospiza rubescens*

　　全长约15 cm。雄鸟前额、头顶至后颈和腰至尾上覆羽鲜
红色，颊和耳羽玫红色；背、肩和翅上覆羽红褐色，翅覆羽端
部赤红色，形成两道红色翅斑，翅和尾黑褐色，缘以红褐色；
颏、喉至胸部赤红色，腹部灰白色，尾下覆羽灰褐色。雌鸟上
体暗橄榄褐色，翅和尾羽黑褐色，缘以棕黄色；下体浅橄榄褐
色。栖息于高山针叶林、针阔混交林中。常单独、成对或结小
群在林间空地、林缘或疏林灌丛以及多岩石的草地中活动觅
食，以果实、种子、草籽等植物性食物为食，也吃昆虫。繁殖
期6—8月，每窝产卵3~4枚。我国分布于青海、甘肃、西藏、
云南、四川，国外分布于喜马拉雅山脉东段、中南半岛西北
部。

燕雀科 Fringillidae
中国评估等级：无危（LC）
世界自然保护联盟（IUCN）评估等级：无危（LC）

## 金枕黑雀
*Pyrrhoplectes epauletta*

全长约15 cm。雄鸟全身黑色，头顶至枕部金橙黄色；内侧次级飞羽内翈白色，形成翅斑，胸侧腋羽外缘栗黄色；腹部中央栗色。雌鸟头和上背褐灰色，头顶至后枕、颊和耳羽橄榄黄色，后颈和颈侧污灰色；下背、肩和翅上覆羽及尾上覆羽栗红色，翅和尾羽黑褐色，内侧次级飞羽内翈白色；下体栗红色。栖息于阔叶林和针阔混交林的林缘和稀树灌丛地带，也见于杜鹃灌丛、竹丛及村庄附近。多成对或结小群活动。主要采食野果和杂草种子。我国分布于西藏、云南、四川，国外分布于喜马拉雅山脉东段、中南半岛西北部。

燕雀科 Fringillidae
中国评估等级：无危（LC）
世界自然保护联盟（IUCN）评估等级：无危（LC）

**423**

# 暗胸朱雀
*Procarduelis nipalensis*

全长约15 cm。雄鸟前额、眉纹和颊、颏、喉及腹部粉红色，头顶至枕部深红色，眼先、眼周、耳羽及颈侧暗褐色；体背面及翅和尾羽暗褐色，羽缘淡玫瑰红色；胸和两胁暗红色，尾下覆羽褐色。雌鸟上体暗褐色，背部具不明显的暗色条纹，翅和尾羽黑褐色，具棕色羽缘；下体淡灰棕褐色。栖息于针叶林、针阔混交林和阔叶林，也见于林缘灌丛和高山草地中。多单独或成对活动，有时也结小群。主要以果实、种子和草籽等植物性食物为食，也吃昆虫等动物性食物。我国分布于甘肃、西藏、云南、四川，国外分布于喜马拉雅山脉东段、中南半岛西北部。

燕雀科 Fringillidae
中国评估等级：无危（LC）
世界自然保护联盟（IUCN）评估等级：无危（LC）

**424**

## 普通朱雀
*Carpodacus erythrinus*

全长约15 cm。雄鸟前额至后枕赤红色，耳羽褐色沾红色；后颈、背和肩羽暗褐染红色，腰和尾上覆羽暗红色，翅和尾羽黑褐色具红色羽缘；颊和颏、喉至上胸亮洋红色，下胸至腹和两胁淡红色，腹部中央至尾下覆羽白色而沾粉红色。雌鸟上体橄榄褐色具暗褐色纵纹；翅和尾黑褐色，翅上有两道棕白色翅斑；下体近白色，颏、喉、胸沾黄褐色。栖息于山地森林、灌木林、竹林中，多见成小群于林缘、灌丛及村寨附近的树林和农田中活动。以稻谷、玉米、高粱、小麦等谷物以及植物果实和昆虫为食。繁殖期5—7月，每窝产卵4～5枚。我国繁殖于东北、西北、西南和华中地区，在长江以南地区越冬，国外广泛分布于欧亚大陆。

燕雀科 Fringillidae
中国评估等级：无危（LC）
世界自然保护联盟（IUCN）评估等级：无危（LC）

**425**

# 血雀
*Carpodacus sipahi*

　　全长约18 cm。雄鸟全身羽毛亮朱红色，翅和尾羽黑褐色，羽缘红色。雌鸟头至背、肩和翅上覆羽暗褐色，各羽具橄榄黄色羽缘，形成鳞状斑纹，腰和尾上覆羽橘黄，翅和尾羽黑褐色，羽缘暗黄色；下体灰褐色，具鳞状斑纹，颏、喉和胸侧羽缘沾橄榄黄色，尾下覆羽白色。栖息于针叶林、针阔混交林区，通常在林缘地带或山坡稀树灌丛中活动，有垂直迁移的现象。除繁殖季节外多结小群活动。杂食性，主要采食昆虫以及植物种子、浆果和草籽等。我国分布于西藏、云南，国外分布于喜马拉雅山脉中段至中南半岛西北部。

燕雀科 Fringillidae
中国评估等级：无危（LC）
世界自然保护联盟（IUCN）评估等级：无危（LC）

# 拟大朱雀
*Carpodacus rubicilloides*

　　全长约19 cm。雄鸟前额、头顶、头侧及下体深红色，具白色点斑和纵纹，后颈、背、肩和翅上覆羽灰褐色而具黑褐色纵纹，腰至尾上覆羽粉红色，翅和尾灰褐色，尾下覆羽粉白色。雌鸟上体灰褐色，下体淡皮黄色，均具暗褐色纵纹。栖息于开阔草原的草甸和灌丛，也见于林缘、疏林及居民点附近的青稞地和树上。常单独或成对活动，有时也结小群。以草籽、叶芽、果实和青稞等农作物为食。繁殖期6—9月，每窝产卵3～5枚。我国分布于甘肃、西藏、青海、云南、四川，国外分布于喜马拉雅山脉。

燕雀科 Fringillidae
中国评估等级：近危（NT）
世界自然保护联盟（IUCN）评估等级：无危（LC）

**427**

## 淡腹点翅朱雀
*Carpodacus verreauxii*

全长约15 cm。雄鸟头顶至后颈和贯眼纹暗红褐色，眉纹、颊和下体淡粉红色；背、肩栗褐色，具暗色纵纹和粉红色羽缘，腰和尾上覆羽粉红色，翅和尾羽暗褐色，翅上具粉红色翅斑。雌鸟眉纹淡黄白色，上体橄榄褐色，下体皮黄色，均具黑色纵纹。栖息于高山针叶林、针阔混交林、灌丛和草地。常单独或成对活动，秋冬季也结群。主要在地上觅食种子、草籽和昆虫。我国分布于四川南部和西部、云南西北部，国外分布于缅甸东北部。

燕雀科 Fringillidae
中国评估等级：无危（LC）
世界自然保护联盟（IUCN）评估等级：无危（LC）

## 酒红朱雀
*Carpodacus vinaceus*

全长约15 cm。雄鸟全身体羽暗朱红色，眉纹粉红色，翅和尾暗褐色，具红色羽缘；雌鸟上体橄榄黄褐色，下体茶黄色，均具黑褐色纵纹。栖息于常绿阔叶林、针阔混交林和竹林，多见单个或成对活动于林缘灌丛、稀树草坡以及居民点附近的农田和稀树灌丛中。以杂草种子、果实、芽苞等植物性食物为主，兼食昆虫。我国分布于陕西、青海、甘肃、云南、四川、重庆、贵州、湖北，国外分布于喜马拉雅山脉中段、中南半岛中北部。

燕雀科 Fringillidae
中国评估等级：无危（LC）
世界自然保护联盟（IUCN）评估等级：无危（LC）

**429**

## 斑翅朱雀
### *Carpodacus trifasciatus*

　　全长约18 cm。雄鸟前额白色沾粉红色，头顶至后颈深红色，眼先红褐色，颊、耳羽和颏、喉黑色具白色条纹；背和肩灰色并具黑色和深红色斑纹，腰深红色，翅、尾上覆羽和尾羽黑褐色，肩羽外翈具白色端斑，翅覆羽具粉红色端斑，内侧飞羽外翈端部白色，在翅上形成3道显著翅斑；胸部玫瑰红色，其余下体白色，两胁沾灰褐色。雌鸟上体灰色，前额、头顶至上背具黑纹，羽缘沾棕黄色，头侧灰褐沾棕黄色并杂白纹；腰和尾上覆羽灰褐色，翅和尾黑褐色，翅上有3道白色翅斑；颏、喉、胸和两胁灰棕褐色，散布暗色细纹，其余下体淡棕白色。栖息于高山针叶林、针阔混交林和灌丛地带。除繁殖期外常结小群活动。以草籽、果实、种子和昆虫为食。中国特有鸟类，分布于陕西、甘肃、西藏、云南、四川。

燕雀科 Fringillidae
中国评估等级：无危（LC）
世界自然保护联盟（IUCN）评估等级：无危（LC）

# 白眉朱雀
*Carpodacus dubius*

　　全长约17 cm。雄鸟眼先暗红色，前额、颊和耳羽粉红色，眉纹粉红色后端转白色；头顶至背和肩羽棕褐色，具暗褐色纵纹，腰、尾上覆羽粉红色，翅和尾羽黑褐色，羽缘淡褐色；下体粉红色，喉至上胸具白色羽干纹。雌鸟全身密布暗褐色纵纹，眉纹淡皮黄色，后端白色；上体棕褐色，腰和尾上覆羽橙黄色；下体棕白色。栖息于高山林区灌丛、草地、疏林和林缘等开阔地带，也见于农田和居民点附近。非繁殖期多成小群活动。食物主要为杂草种子及果实。繁殖期7—8月，每窝产卵3~5枚。我国特有鸟类，分布于宁夏、甘肃、西藏、青海、云南、四川。

燕雀科 Fringillidae
中国评估等级：无危（LC）
世界自然保护联盟（IUCN）评估等级：无危（LC）

**431**

# 红眉松雀
*Carpodacus subhimachalus*

　　全长约20 cm。雄鸟额、眉纹、颊深红色，头顶至背、肩和翅上覆羽暗褐色，羽缘橄榄黄色，腰和尾上覆羽橙红色，翅和尾羽黑褐色；颏、喉部和上胸深红色，具白色斑点，腹部和尾下覆羽灰褐色。雌鸟额、眉纹、颊金黄色，头顶、头侧和颈侧及上体橄榄黄色；翅和尾褐色，羽缘橄榄黄色；颏、喉至上胸金黄色，其余下体淡褐灰色。栖息于高山针叶林、针阔混交林的林缘和灌丛草地。单独或集小群活动。以植物果实、种子和草籽为食。繁殖期5—7月，每窝产卵3～6枚。我国分布于西藏、云南、四川，国外分布于喜马拉雅山脉东段、中南半岛西北部。

**432**

# 金翅雀
## *Chloris sinica*

全长约14 cm。雄鸟头顶至后颈灰褐色，眼先和眼周近黑色，耳羽沾黄色；背、肩和翅覆羽暗褐色，腰和尾上覆羽黄绿色，翅和尾黑色，翅上具鲜亮的黄色翅斑，尾羽基部黄色；颏、喉部暗黄绿色，胸、腹及两胁棕褐色，下腹至尾下覆羽黄色。雌鸟与雄鸟相似，但羽色较暗淡，黄色翅斑也较小。栖息于山地灌丛、林缘、疏林、城镇公园、农田地边和村寨附近的树林。繁殖期外多结群活动。取食杂草和种子，也吃谷物和昆虫。我国分布于除新疆、西藏和海南外的地区，国外分布于东亚、东南亚。

燕雀科 Fringillidae
中国评估等级：无危（LC）
世界自然保护联盟（IUCN）评估等级：无危（LC）

# 黑头金翅雀
*Chloris ambigua*

全长约13 cm。雄鸟头顶、枕部和头侧黑色；体背面橄榄绿色并具褐色斑纹，尾上覆羽及尾羽和翅黑褐色，翅上具有亮黄色翅斑，颈侧和下体橄榄绿黄色，尾下覆羽和外侧尾羽基部黄色。雌鸟头顶和头侧多为暗褐色。栖息于高山草甸、针叶林和林缘地带，也见于针阔混交林、常绿阔叶林、农田、居民点附近和灌丛中。主要以植物的种子、果实以及少量昆虫为食。我国分布于西藏、云南、四川、贵州，国外分布于缅甸东部和东北部、老挝北部、越南西北部、泰国西北部。

燕雀科 Fringillidae
中国评估等级：无危（LC）
世界自然保护联盟（IUCN）评估等级：无危（LC）

# 藏黄雀
*Spinus thibetanus*

　　全长约11 cm。雄鸟上体橄榄绿色，眉纹、后颈侧和颊部黄色；腰和尾上覆羽亮黄色，翅和尾黑褐色并具绿黄色羽缘；下体黄色。雌鸟上体暗橄榄绿色并具暗褐色纵纹，翅和尾黑褐色，羽缘绿黄色，眉纹和颊淡黄色；下体灰色沾黄色，具黑褐色条纹。栖息于高山针叶林、针阔混交林和常绿阔叶林中。非繁殖季节常集结成几十只的群体在一起活动。食物以植物种子、草籽为主，兼食少量昆虫。我国分布于西藏、云南、四川，国外分布于喜马拉雅山脉东段。

燕雀科 Fringillidae
中国评估等级：近危（NT）
世界自然保护联盟（IUCN）评估等级：无危（LC）

## 凤头鹀
*Emberiza lathami*

　　全长约17 cm。雄鸟头和颈部、背和肩羽及整个下体均为黑色，头顶具羽冠，翅和尾羽、尾上和尾下覆羽栗红色，尾羽端部黑褐色。雌鸟羽冠及上体橄榄褐色，具暗褐色纵纹，翅和尾暗褐色具栗红色羽缘，下体锈黄色。栖息于常绿阔叶林林缘地带，常活动于山坡灌木丛、草地以及农田、耕地和村寨附近的树丛和灌丛中。除繁殖期外多成小群活动。主要以植物种子为食，也吃各类昆虫。繁殖期5—8月，每窝产卵4~5枚。我国分布于南方地区，国外分布于南亚次大陆中部和北部、中南半岛北部。

鹀科 Emberizidae
中国评估等级：无危（LC）
世界自然保护联盟（IUCN）评估等级：无危（LC）

**436**

## 灰眉岩鹀
### *Emberiza godlewskii*

全长约17 cm。雄鸟头、颈部蓝灰色，侧冠纹、眼先和眼后纹、颊纹暗栗色；上体红褐色，背和肩具黑褐色纵纹，翅黑褐色，大、中覆羽和飞羽具棕白色羽缘，形成翅斑，尾暗褐色，最外侧尾羽内翈具白斑；颏、喉至上胸蓝灰色，其余下体棕褐色。雌鸟羽色较浅淡，大部分呈淡棕褐色。栖息于开阔地带的林缘、岩石荒坡、草丛、灌丛及耕地中。常单独、成对或结小群活动。主要取食草籽、种子和昆虫。繁殖期4—7月，每窝产卵3~5枚。我国除东部沿海地区外，几乎都有分布，国外分布于俄罗斯、蒙古国、哈萨克斯坦、吉尔吉斯斯坦、缅甸。

鹀科 Emberizidae
中国评估等级：无危（LC）
世界自然保护联盟（IUCN）评估等级：无危（LC）

## 白眉鹀
### *Emberiza tristrami*

　　全长约15 cm。雄鸟中央冠纹、眉纹、颊纹白色，侧冠纹、眼先、眼周和耳羽黑色；后颈至上背、肩橄榄褐色具栗褐色纵纹，翅黑褐色，羽缘栗褐色，大、中覆羽黑褐色具棕白色端缘，下背至尾上覆羽和中央尾羽栗红色；喉黑色，胸和两胁棕褐色，具暗褐色纵纹，下体余部白色。雌鸟头部黑褐色，喉白色具暗褐色细纹，胸和两胁黄褐色，余部与雄鸟相似。栖息于山地针阔混交林和针叶林带。多单个或成对在沟谷、林缘、林下灌丛或草丛中活动。主要以昆虫和植物种子等为食。繁殖期5—8月，每窝产卵4~6枚。我国分布于黑龙江、吉林、云南、四川、贵州、广西、湖北、湖南、广东、江西、福建，国外分布于俄罗斯、朝鲜、缅甸、老挝、泰国和越南。

鹀科 Emberizidae
中国评估等级：近危（NT）
世界自然保护联盟（IUCN）评估等级：无危（LC）

## 小鹀
### *Emberiza pusilla*

　　全长约13 cm。雄鸟中央冠纹及头侧暗栗红色，侧冠纹、眼后纹和耳羽后缘黑色；体背面大致呈棕褐色并具黑色纵纹，翅黑褐色，内侧飞羽和大覆羽具棕红色羽缘，尾黑褐色，外侧尾羽具白斑；下体近白色，胸和两胁具黑色纵纹。雌鸟似雄鸟，但头顶无黑色侧纹。栖息于山地阔叶林、针阔混交林、针叶林、灌丛、草地、农田等生境中。繁殖季节外多成群活动。主要在地面觅食杂草种子、谷物和昆虫。繁殖期6—7月，每窝产卵4～6枚。我国分布于东北和南方广大地区，国外繁殖于欧亚大陆北部，南迁至喜马拉雅山脉东段、中南半岛北部越冬。

鹀科 Emberizidae
中国评估等级：无危（LC）
世界自然保护联盟（IUCN）评估等级：无危（LC）

# 黄喉鹀
*Emberiza elegans*

　　全长约15 cm。雄鸟前额至头顶和羽冠、眼先、眼周、颊和耳羽黑色、枕、眉纹及喉黄色；体背面棕褐色，具黑褐色纵纹，腰至尾上覆羽和中央尾羽灰褐色，翅黑褐色，具棕黄色羽缘；胸部具半圆形黑斑，两胁棕黄色，具黑褐色纵纹，下体余部近白色。雌鸟羽色较淡，头顶羽冠、眼先至耳羽褐色并具细纹，眉纹和喉部淡黄色，胸部淡棕黄色具栗褐色纵纹。栖息于山区阔叶林、针阔混交林、次生林的林缘灌丛及农耕地旁的灌木中或草地上。成对或成小群活动。食物主要为昆虫、谷物及杂草种子等。繁殖期5—7月，每窝产卵4～5枚。在我国繁殖于黑龙江、吉林、辽宁、陕西、四川、贵州、重庆、湖南、云南，于广东、福建、浙江越冬，国外繁殖于俄罗斯，在朝鲜、韩国为留鸟，越冬于日本和缅甸。

鹀科 Emberizidae
中国评估等级：无危（LC）
世界自然保护联盟（IUCN）评估等级：无危（LC）

# 黄胸鹀
## *Emberiza aureola*

全长约14 cm。雄鸟前额、头侧及颏、喉部黑色，头顶至后枕及背和尾上覆羽暗栗色，背部有黑色纵纹，翅和尾羽黑色，翅上覆羽具白色端斑，形成显著翅斑；颈侧及下体鲜黄色，胸部有一栗色横带。雌鸟头顶至背棕褐色，具黑色纵纹，眉纹黄白色；下体浅黄色，无胸带。栖息于农田或稀树草坡，迁徙时结成大群。繁殖期以昆虫为主要食物，其他季节则以植物性食物为主。繁殖期5—7月，每窝产卵4～5枚。在我国繁殖于东北地区，越冬于西藏、云南、广西、海南、广东、香港、台湾，国外繁殖于俄罗斯、乌克兰、哈萨克斯坦、蒙古国、日本等地；越冬于南亚、东南亚。

鹀科 Emberizidae
中国保护等级：I级
中国评估等级：濒危（EN）
世界自然保护联盟（IUCN）评估等级：极危（CR）

## 栗鹀
*Emberiza rutila*

全长约15 cm。雄鸟头、颈部至尾上覆羽和颏、喉至胸部栗红色，翅和尾黑褐色，胸以下黄色，两胁具橄榄绿色纵纹；雌鸟上体橄榄褐色，具黑褐色纵纹，颊、颏和喉淡皮黄色，颚纹黑色，腰和尾上覆羽栗色，翅黑褐色，下体余部浅硫黄色，两胁具橄榄褐色纵纹。栖息于开阔的针叶林、阔叶林及混交林中。多成小群活动于林缘或农耕地边缘的灌丛、草地上，也见于湖畔、沼泽、疏林和草甸。主要以种子、草籽为食，也吃昆虫。我国繁殖于黑龙江，越冬于云南、广西、广东和福建，国外繁殖于西伯利亚，南迁至中南半岛北部越冬。

鹀科 Emberizidae
中国评估等级：无危（LC）
世界自然保护联盟（IUCN）评估等级：无危（LC）

**442**

# 藏鹀
*Emberiza koslowi*

全长约16 cm。雄鸟头部和颈侧黑色，白色眉纹自嘴基延伸至后枕，颈后与上背间有一灰色颈环，眼先及下嘴基栗红色；背及肩羽栗红色，翅和尾黑褐色；颏和喉白色，胸部具一宽阔黑带，与颈侧的黑色相连，胸带以下至两胁石板灰色，腹部灰白色。雌鸟上体淡灰褐色，头顶具黑色细纹，耳羽黄褐色，背羽黑色，羽缘栗色；喉及上胸皮黄沾粉红色，下胸淡灰色，其余下体灰白色。栖息于高山草甸、草原和灌丛，单独或成对活动，冬季结小群。食物主要为昆虫。我国特有鸟类，分布于西藏、青海。

鹀科 Emberizidae
中国保护等级：Ⅱ级
中国评估等级：易危（VU）
世界自然保护联盟（IUCN）评估等级：近危（NT）

# 灰头鹀
## *Emberiza spodocephala*

　　全长约14 cm。雄鸟头、颈部及喉和上胸灰橄榄绿色，眼先及嘴基黑色；背、肩和翅覆羽棕褐色，具黑色纵纹，腰和尾上覆羽橄榄褐色，翅和尾褐色；胸以下黄色，胸及两胁具黑色纵纹。雌鸟上体棕褐色，具黑色纵纹、眼先、颊和耳羽黄褐色，眉纹和颊纹淡黄色；下体黄色，胸和两胁具黑褐色纵纹。栖息于平原至高山的疏林、草甸灌丛、稀树草坡以及耕作区和果园。常成小群活动。以杂草种子、谷物及昆虫等为食。繁殖期5—7月，每窝产卵4～6枚，雌雄亲鸟共同育雏。我国分布于黑龙江、吉林、青海、甘肃、湖北、四川、重庆、西藏、云南、贵州、湖南、广西、海南、广东、福建、台湾，国外繁殖于东北亚，越冬于喜马拉雅山脉东段、中南半岛北部。

鹀科 Emberizidae
中国评估等级：无危（LC）
世界自然保护联盟（IUCN）评估等级：无危（LC）

# 主要参考资料

【01】Bird Life International. 2020. IUCN Red List for birds. http://www.birdlife.org.

【02】Gill, F. and D. Donsker (Eds). 2020. IOC World Bird List (v 10.1). http://www.worldbirdnames.org.

【03】IUCN 2020. The IUCN Red List of Threatened Species. Version 2020-2. https://www.iucnredlist.org.

【04】S. M. Billerman, B. K. Keeney, P. G. Rodewald, and T. S. Schulenberg (Eds). 2020. Birds of the World.
    Cornell Laboratory of Ornithology, Ithaca, NY, USA. https://birdsoftheworld.org/bow/home

【05】段文科, 张正旺. 2017. 中国鸟类图志下卷 · 雀形目. 北京: 中国林业出版社.

【06】季维智, 杨晓君, 朱建国, 等. 2004. 中国云南野生鸟类. 中国林业出版社.

【07】蒋志刚, 江建平, 王跃招, 等. 2016. 中国脊椎动物红色名录. 生物多样性, 24: 500-551.

【08】马敬能, 菲利普斯, 何芬奇. 2000. 中国鸟类野外手册. 湖南教育出版社.

【09】杨岚, 杨晓君, 等. 2004. 云南鸟类志下卷 · 雀形目. 云南科技出版社.

【10】赵正阶. 2001. 中国鸟类志 下卷 · 雀形目. 吉林科学技术出版社.

【11】郑光美. 2017. 中国鸟类分类与分布名录（第三版）. 科学出版社.

# 学名索引

**449**

# 照片摄影者索引

（按姓名拼音顺序排列）

# 后 记

　　《中国西南野生动物图谱 鸟类卷》（上、下）共收录介绍了分布在我国西南地区西藏、云南、四川、重庆、贵州、广西6省（直辖市、自治区）的鸟类20目89科347属761种，其中上册非雀形目有19目41科190属378种，下册雀形目有48科157属383种，以及它们的原生态照片2000多幅。每个物种依次列出了其分类信息，如所属目、科、属的中文名或拉丁名；物种介绍包括保护等级、濒危等级、体形或大小、主要识别特征、重要生物学或生态习性；地理分布介绍包括国内分布和国外分布。书后附有主要参考资料、拉丁学名索引和照片摄影者索引。

　　本卷主要参考郑光美等（2017）出版发行的《中国鸟类分类与分布名录·第3版》、由世界鸟类学家联合会发布的世界鸟类名录（IOC World bird list, v 10.1, 2020），以及以近年来发表的其他科学文献为依据确定的分类系统和物种分类地位，反映了我国鸟类研究的最新成果。我国已记录鸟类26目109科504属1474种，其中25目104科450属1182种分布在西南地区，依次分别占全国的96%、95%、89%和80%；6省区已记录的鸟类物种数分别为云南954种、四川690种、广西633种、西藏619种、贵州488种、重庆376种，由此可见此区域鸟类物种多样性非常丰富和重要。

本卷物种标注的国内外保护或濒危等级的依据和具体含义如下：

　　1. 在本卷下册完稿付印之际，恰逢国务院批准国家林业和草原局、农业农村部调整后的《国家重点保护野生动物名录》正式发布。编者及时予以响应，将本卷下册中相应物种的国家保护等级按照2021年2月的新版进行了调整。

　　2. 本书分别列出了物种在全球红色名录和中国红色名录中的评估等级，全球评估等级引自世界自然保护联盟（IUCN）发布的受威胁物种红色名录（The IUCN Red List of Threatened Species, Ver. 2020-2），中国评估等级引自蒋志刚等2016年发表的《中国脊椎动物红色名录》；不同等级的具体含义为：

　　灭绝（EX）：如果一个物种的最后一只个体已经死亡，则该物种"灭绝"。

　　野外灭绝（EW）：如果一个物种的所有个体仅生活在人工养殖状态下，则该物种"野外灭绝"。

　　地区灭绝（RE）：如果一个物种在某个区域内的最后一只个体已经死亡，则该物种已经"地区灭绝"。

　　极危（CR）、濒危（EN）和易危（VU）：这三个等级统称为受威胁等级（Threatened categories）。从极危（CR）、濒危（EN）到易危（VU），物种灭绝的风险依次

**458**

降低。

近危（NT）：当一物种未达到极危、濒危或易危标准，但在未来一段时间内，接近符合或可能符合受威胁等级，则该物种为"近危"。

无危（LC）：当某一物种评估为未达到极危、濒危、易危或近危标准，则该物种为"无危"。广泛分布和个体数量多的物种都属于此等级。

数据缺乏（DD）：当缺乏足够的信息对某一物种的灭绝风险进行评估时，则该物种属于"数据缺乏"。

3. 物种在濒危野生动植物种国际贸易公约中所属附录的情况，引自中华人民共和国濒危物种进出口管理办公室、中华人民共和国濒危物种科学委员会2019年编印的《濒危野生动植物种国际贸易公约附录I、附录II和附录III》，不同附录的具体含义为：

附录I：为受到和可能受到贸易影响而有灭绝危险的物种，禁止国际性交易；

附录II：为目前虽未濒临灭绝，但如对其贸易不严加管理，就可能变成有灭绝危险的物种；

附录III：为成员国认为属其范围，应该进行管理以防止或限制开发利用，而需要其他成员国合作控制的物种。

本卷在描述物种地理分布时，分别按照国内分布和国外分布进行介绍。其中在描述国外分布时，部分分布范围，如喜马拉雅山脉、中南半岛、欧亚大陆、东亚等是指除中国以外的国外部分。

　　本卷的编写完成，得益于一个多世纪以来，先后在我国特别是我国西南地区开展鸟类研究的科学家们，他们丰富的研究成果是本书撰写的基础，本书在"主要参考资料"中列出了部分但显然不是全部的参考资料。衷心感谢向本卷提供作品的摄影家们！其中有专业的研究人员，有从自然爱好者或摄影爱好者中成长的自然博物学家，为了将野生动物最美的一刻呈现给世人，他们潜心观察了解其秉性，或让动物适应自己的存在，甚至与动物交上了朋友；本卷中的许多照片是他们在极端地形或天气下长期或长时间跟踪野生动物，或登高攀缘，或爬冰卧雪，或风里、雨里、水里摸爬滚打，历经艰险才抓拍到的精彩瞬间。

　　感谢本卷其他编委们，是各位努力、认真和细致的工作才使本卷得以顺利完成；感谢北京出版集团的刘可先生、杨晓瑞女士、王斐女士和曹昌硕先生等对本书从创意到编辑出版等付出的辛勤劳动。鉴于作者水平有限，书中错误难免，诚请读者批评、指正。

2021年2月于昆明